극지과학자가 들려주는

천연물 이야기

그림으로 보는 극지과학 시리즈는 극지과학의 대중화를 위하여 극지연구소에서 기획하였습니다. 극지연구소Korea Polar Research Institute, KOPRI는 우리나라 유일의 극지 연구 전문기관으로, 극지의 기후와 해양, 지질 환경을 연구하고, 극지의 생태계와 생물자원을 조사하고 있습니다. 또한 남극의 '세종과학기지'와 '장보고과학기지', 북극의 '다산과학기지', 쇄빙연구선 '아라온'을 운영하고 있으며, 극지 관련 국제기구에서 우리나라를 대표하여 활동하고 있습니다.

일러두기

• 인명과 지명은 외래어 표기법을 따랐다. 하지만 일반적으로 쓰이는 경우에는 원어 대신 많이 사용하는 언어로 표기했다.

• 참고문헌과 그림 출처 및 저작권은 책 뒷부분에 밝혔다.

• 용어의 영어 표현은 찾아보기에서 확인할 수 있다.

그림으로 보는 극지과학 8

극지과학자가 들려주는
천연물 이야기

한세종, 윤의중 지음

차례

우리는 예로부터 인삼을
홍삼으로 만들어 복용하거나 술로 담가 약주로 음용(飮用)하여 왔
다. 아마도 많은 사람들이 '정말 몸에 좋을까? 그렇다면 도대체 어
떤 성분 때문일까?' 하는 의구심을 가졌을 법하다. 이러한 관심과
의문이 천연물에 대하여 과학적으로 접근하는 시작점이라 할 수
있다. 그러나 궁금증을 해결하기 위해 무엇을 해야 하고, 어떤 자료
를 찾아야 할지는 막연하기만 하다. 물론 화학 및 약학 지식을 통
해 어느 정도 해결 가능하나 일반인이 이해하기에 쉽지 않다. 천연
물에 관한 서적들이 많지만, 비전공자가 접근하기에는 너무 전문
적인 내용들로 구성되어 있어 이해하는 데 한계가 있다.

　이 책은 천연물에 관심이 있는 일반인이나 학생들에게 천연물에
관한 정보를 제공하고 그들이 궁금해하는 점을 일부 해결하기 위
한 목적으로 쓰여졌다. 천연물을 연구하는 데 있어 이론적인 내용
들도 필요에 따라 언급하고 있으며, 실제로 천연물을 어떻게 추출

하고, 추출물의 화학 성분들을 어떤 방법으로 분리 및 분석하는지 그림을 곁들여 설명하였다. 특히 극지의 천연물에 대한 설명도 담아 극지 천연물을 전공하려는 학생들에게 동기를 부여하고자 하였다.

1장에서는 춥고 어둡고 척박한 극지에서도 다양한 생물이 살고 천연물을 얻을 수 있다는 것을 알리고 인공물과 대비되는 천연물의 개념을 설명하였다. 극지는 멀고 낯선 곳이지만 천연물 연구자들에게는 아주 매력적인 곳이다.

2장에서는 천연물 개발의 역사와 쓰임새에 대해서 알아보고, 널리 알려진 천연물 의약품, 화장품 등도 소개하였다. 초기 천연물 연구의 발전은 유기화학의 도움을 많이 받았다. 물질의 복잡한 3차 구조까지 밝히고 블록버스터 신약을 개발하는데 일조하는 오늘날의 천연물 연구는 열악한 실험실에서 연구에 몰두한 초창기 과학자들의 열정과 헌신에 큰 빚을 지고 있다. 천연물을 순수하게 얻는데에도 오랜 시간이 필요했던 예전에 비해 지금은 분자 수준에서 약물의 작용 기전도 논리적으로 설명할 수 있게 되었다. 과학자들은 생물체나 그 대사산물을 분리 및 정제하여 새로운 의약품이나 화장품 등을 만드는 신소재로 활용해 왔다. 현재 사용하고 있는 의약의 50% 이상은 생물체에서 유래했으며, 항생제, 호르몬제, 백신, 진단시약 등 의약품 전반에 걸쳐 생물 자원이 이용되고 있다.

해열, 진통제인 아스피린, 탁솔로 알려진 항암제 파클리탁셀, 신종 플루 치료제인 타미플루 등 큰 성공을 거둔 신약들은 대부분 식물을 원료로 개발되었다. 이미 세계 각국은 신약 개발의 원천 소재인 다양한 생물자원을 국가 주요 자원으로 관리하고 이를 이용한 각종 제품의 개발을 지원하고 있다.

3장에서는 천연물로부터 유용한 물질을 얻는 방법에 대해서 설명하였다. 일반적인 시료 채집 및 전처리 방법을 소개하고 식물체로부터 얻을 수 있는 화합물에 대하여 알아보았다. 또한 2차 대사산물을 분리하는 방법과 이들의 구조를 밝히는데 사용되는 기기, 천연물 신약을 개발하기 위해서 사용되는 여러 가지 방법을 소개하였다. 확보한 천연물이 궁극적으로 효과를 보이는 각종 질병에 대한 이해와 극지에서 얻을 수 있는 시료들에 대해 설명함으로써 극지 천연물을 이해하는 데 도움을 주고자 하였다. 남극의 육상에는 지의류, 이끼류, 선태류 등이 서식하고, 바다에는 해조류가 있다. 북극에는 드넓은 툰드라가 있어 천연물을 얻을 수 있다.

마지막으로 4장에서는 극지에서 유래한 천연물의 종류와 기능에 대하여 설명하였다. 극지역의 생물로부터 추출한 화합물의 항균, 항암, 항산화 등 다양한 효능에 관해 발표된 내용을 정리하였다.

본 도서는 연구에 몰두하며 문명을 더 좋은 방향으로 이끌고자 노력하는 과학자들과 극지를 사랑하는 극지인들이 고생한 결과의 일부를 정리한 것이다. 우리 나라는 30년 넘게 남극 및 북극에서 다양한 연구를 하고 있고 근래에 생물자원에 관한 연구도 본격적으로 진행하고 있다. 지구 끝 미지의 땅까지 연구의 범위를 확장한 것은 그만큼 이곳이 연구할 가치가 있기 때문이다. 현재까지 극지 천연물 연구의 결과로 많은 신규 화합물이 극지 생물로부터 분리되었고, 이들의 질병치료 가능성 또한 제시되었다. 그러나 아직까지 인류에게 정복되지 않은 많은 질병들이 있다. 앞으로 극지의 생물자원에 대한 연구를 통하여 천연물 연구자들이 질병 치료에 앞장설 것이다. 끝으로, 책 출간의 기회를 준 극지연구소와 실무적인 도움을 건넨 지식노마드, 많은 자료와 조언을 주신 모든 분께 깊은 감사를 드린다.

극지과학자가 들려주는 천연물 이야기

1장

극지와 천연물

남극과 북극을 아우르는 '극지'는 '매우 춥다'라거나 '지구의 양 끝'이라는 생각을 떠올리게 합니다. 극지는 빛을 비스듬히 약하게 받기 때문에 일조량이 적도 부근보다 훨씬 적습니다. 그래서 기온이 매우 낮고 밤이 몇 달씩 계속되는 극야 현상이 나타납니다. 하지만 이렇게 황량한 극지에도 많은 생물이 살아갑니다. 특히 극지방의 여름에는 덮인 눈이 일부 녹으면서 땅에 형형색색의 지의류와 선태류가 자랍니다. 햇빛이 닿는 바닷속에는 플랑크톤과 해조류, 크릴 등의 바다 생물이 번성합니다. 그리고 이런 생물에는 극지방의 혹독한 환경에 적응하면서 살 수 있도록 오랜 기간 진화를 통해 만들어진 특별한 물질이 존재합니다.

'천연물'은 생체에서 생산되는 물질로, 자연에서 발견된 화합물을 말합니다. 인체의 생리 활동에 영향을 미치는 물질로 신약 개발에 큰 도움이 됩니다. 천연물은 넓게는 1차 대사산물이나 2차 대사산물의 생산경로에서 생성되는 물질에서 분리한 순수한 유기화합물을 말하지만, 의약 분야로 좁히면 2차 대사산물로 제한됩니다. 2차 대사산물이란 생존에 반드시 필요하지는 않지만, 진화적으로 유용한 물질을 말합니다.

극지 천연물은 활성 물질의 발견 확률이 높지만 원시료의 획득이 매우 어렵습니다. 극지는 사람이 가기도 힘들 뿐 아니라, 가 있는 동안에도 혹독한 환경을 견디어야 하기 때문입니다. 채취할 시료가 많지 않아 찾기도 쉽지 않고, 자연이 오랜 세월 동안 유지해온 생태계를 손상시키지 않아야 합니다.
극지 천연물 연구는 시료의 확보에서 추출, 분리, 활성 검증, 구조 분석 등 모든 단계가 가시밭길입니다.

1. 남극 및 북극이란?

흔히 남극, 북극이라 하면 '매우 춥다' 혹은 '지구의 양 끝'이라는 생각을 떠올리는데 이런 현상은 바로 지구의 자전과 공전이라는 운동에서 비롯된다. 자전축이 지나는 두 곳이 바로 남극점과 북극점이다. 자전축은 23.4도 기울어져 있다(그림 1-1). 일반적으로 남위 66.6도 지역부터 남극점까지를 '남극', 북위 66.6도 지역부터 북극점까지를 '북극'이라고 한다. 자전축이 기울어져 있어서 우리가 사는 중위도 지방에서는 사계절을 볼 수 있고, 남극과 북극에서는 백야를 체험할 수 있다. 우리가 만일 북극점에 살고 있다면 6개월 정도 항상 해를 볼 수 있다. 해가 지지 않고 하늘을 24시간 동안 한 바퀴 돈다는 것이다. 반면 나머지 6개월 정도는 해를 볼 수 없다. 어슴푸레한 빛이거나 암흑 속에서 살아야 한다.

극지는 수개월 동안 태양빛이 닿지 않는 데다 빛이 드는 동안에

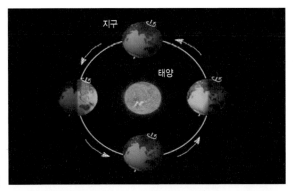

그림 1-1

지구의 공전과 기울어진 자전축

도 비스듬히 약하게 받기 때문에 일조량이 적도 부근보다 훨씬 적다. 같은 세기의 빛이라도 비스듬한 빛은 더 넓은 면적을 비추게 되어 결국 단위면적당 일사량은 줄어들게 된다. 간단하게 계산해 보아도 적도 부근의 일사량이 422W/m²인데 반해 극지방의 일사량은 149W/m²에 불과하다(Pierrehumbert, 2010).

지구의 남극과 북극은 자전축이 지나는 곳이란 공통점이 있지만 차이점도 있다. 가장 큰 차이점은 지리적인 것으로 북극점은 바다 위에 있고 남극점은 땅 위에 있다는 것이다(그림 1-2). 당신이 만약 북극점에 머물고 싶다면 바다 위에 떠 있는 해빙 위에서 북극점을 이탈하지 않기 위해 부지런히 움직여야 할 것이다.

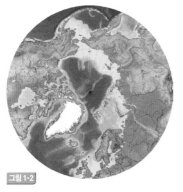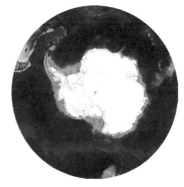

그림 1-2

북극(왼쪽)과 남극

　지리적인 차이점 때문에 생물의 분포도 다르다. 북극은 북반구의 대륙과 연결되어 북극곰도 살고 인간도 살지만, 남극은 원주민이 없고 펭귄들이 많이 서식한다. 북극은 인접 국가의 영유권이 인정되는 구역이 많은 반면, 남극의 영유권은 아직 인정되지 않고 있다. 우리가 남극 연구에 적극적으로 참여해야 하는 이유이기도 하다. 사실, 우리는 지도를 그릴 때 북쪽을 위로 놓지만 남쪽을 위로 놓아도 하등의 문제가 없을 정도로 북극과 남극은 지구에서 동등한 자격을 갖고 있다. 지구는 거대한 자석으로 북극이 S극이고 남극이 N극이다.

　푸른 별 지구 생명의 근원은 태양이다. 햇빛을 받은 엽록체에서 광합성을 하여 탄수화물을 축적하면 이것을 1차 소비자가 섭취하고, 먹이사슬을 거친다. 먹이사슬의 정점에는 포식동물이 있고, 사람이 있다. 일조량이 절대적으로 부족한 극지방은 한겨울에 영하 50도 이하로 떨어지며 주위의 모든 것은 눈과 얼음으로 둘러싸이게 되는데 적도 주변의 열대 지역이나, 온대 지역보다 생물자원이 훨씬 빈약하다. 커다란 아름드리나무도, 물감을 덧칠한 것처럼 짙은 초록색의 숲도 극지에서는 찾아볼 수 없다. 눈이 다져진 얼음과 해안가에 약간 드러나는 척박한 땅이 일반적인 극지의 모습이다. 그러나 황량한 극지에도 많은 생물이 살아간다. 특히 극지방의 여름에 덮인 눈이 일부 녹아 드러나는 땅에는 형형색색의 지의류, 선태류가 자리하고 있다. 햇빛이 어느 정도 닿는 연안 바닷속에는 플랑크톤, 해조류, 크릴 등 바다 생물이 왕성하게 분포한다. 이 생물들이 극지방의 혹독한 환경(낮은 광에너지, 열에너지 등)에 적응하면서 살 수 있는 배경에는 이들이 오랜 기간 진화하면서 만들어내는 특별한 물질들이 있다.

2. 인공물과 천연물

일반적으로 천연물 하면 떠오르는 유사어가 자연물이고 상대어가 인공물일 것이다. '인공ㅅㅗ'이란 사람이 만든 것을 뜻하는데 우리가 사는 집, 타는 자동차, 도로 위의 신호등, 집에 있는 숟가락도 모두 인공물이다. 인공물이 없으면 우리는 원시인이 되고 말 것이다. 수천 년간 축적된 인류의 지식은 지구를 인공물이 넘치는 곳으로 만들었다. 이에 반해 넓은 의미의 천연물은 자연이 만든 것, 즉 자연물을 뜻한다. 나무 한 그루, 풀 한 포기, 흙, 바위 모두 자연이 만들었다. 인공물과 자연물의 경계는 명확한 것 같지만 그렇지 않은 부분이 있다. 농부가 정성 들여 키운 농작물을 인공물이라 해야 할지, 햇빛을 받고 흙에서 자랐기 때문에 자연물이라 해야 할지 모호하다. 사전적 의미로 사람의 힘을 가하지 아니한 천연 그대로의 물건을 천연물이라고 한다. 이를 근거로 인간의 손을 탔기 때문에 적어도 천연물은 아니라는 의견도 있다. 원래 자연에서 자연물로 발견된 것을 인간이 지식과 기술을 동원하여 개량한 것이라고 할 수 있다. '천연물 신약 연구개발 촉진법'에서는 천연물을 "육상 및 해양에 생존하는 동식물 등의 생물과 생물의 세포 또는 조직배양 산물 등 생물을 기원으로 하는 산물"로 정의한다. 이 정의에 따르면 생물을 기원으로 하기만 하면 인간의 손길을 거쳐도 천연물이라 할 수 있을 것이다.

많은 인공물이 자연물을 이용하여 만들거나 모양과 기능을 모방하여 만든 것이다. 낙하산은 민들레 씨를, 일명 찍찍이로 불리는 벨

크로 테이프(VELvet과 CROchet를 합성한 상표 이름)는 다수의 갈고리 구조를 가진 생물을, 오리발은 오리의 발을 모방하여 만든 것이다. 최근에는 생체모방학Biomimetics이라 하여 생물의 우수한 기능을 모방하여 인류의 과제를 해결하는 학문이 발달하고 있다. 대표적인 예가 바로 홍합 단백질 접착제다. 홍합은 접착력이 있는 단백질을 분비하여 바닷속 바위와 같이 젖은 표면에 강하게 부착할 수 있는데 파도의 충격이나 부력에 저항할 수 있다. 이 단백질은 플라스틱, 금속, 유리 및 생체 물질 등 다양한 표면에 접착할 수 있고 특히 물에 젖은 표면에 강력한 접착력을 갖는다. 따라서 홍합 접착제를 물속에서 진행되는 공사나 생체 세포의 접착 등에 사용할 수 있다.

좁은 의미에서 천연물Natural product은 생체에서 생산된, 즉 자연에서 발견된 화합물을 뜻한다. 학술적으로는 약리 활성이나 생리 활성이 있어 신약 탐색이나 신약디자인에 도움을 주는, 생물에 의하여 만들어진 물질을 말한다. 천연물은 화학적 합성으로 만들 수도 있다. 목표로 하는 물질을 합성하기 위해 노력한 덕분에 유기화학 분야가 많이 발전했고, 유기화학의 발달에 따라 목표로 하는 물질의 합성이 쉬워졌다. 천연물의 정의는 학문 분야별로 조금씩 다르다. 유기화학 분야에서는 1차 대사산물이나 2차 대사산물의 생산경로에서 생성되는 물질로부터 분리된 순수한 유기화합물을 말한다. 의약화학 분야에서는 2차 대사산물로 좀 더 제한된다. 2차 대사산물이란 생존에 반드시 필요하지는 않지만 진화적으로 유용한 물질이다(표 1-1).

표 1-1 대사산물의 비교

	1차 대사산물	2차 대사산물
특징	생명 활동에 필수적인 물질을 공급	특유한 생리활성을 가지나 기본 대사과정에는 관여하지 않음
역할	생명 유지, 발육 증식	방어, 종간의 상호 작용
종류	당, 아미노산, 지질, 핵산 등	알칼로이드, 플라보노이드, 테르페노이드 등

많은 2차 대사산물은 세포독성을 나타내고 포식자, 먹이, 경쟁 생물에 대해 화학적 무기로 사용하기 위해 최적화된 물질이다. 이러한 천연물은 종종 질병 치료에 사용될 수 있는 약물학적, 생물학적 활성을 갖는다. 전통적으로 알려진 약물뿐 아니라 현대의 많은 약물이 활성을 갖는 천연물에서 유래했다. 천연물은 구조가 매우 복잡하고 다양하여 화학합성으로 만들 수 없는 것들이 많다. 또한, 유사체를 만들어 성능과 안전성을 향상시킬 수 있기 때문에 천연물을 신약개발의 시작점으로 사용한다. 실제로 미국 식품의약국

FDA에서 승인한 약물의 절반이 천연물에서 유래한 것으로 알려져 있다(위키피디아 참조).

사람이 합성하여 공급할 수 있어도 그 구조가 생물에 의하여 만들어진 것과 같으면 천연물이라 부른다. 이들은 의약품으로 직접 이용되거나 신약 개발 과정에 있어 중요한 화학 구조적 정보를 제공함은 물론이고 화장품, 건강 보조품, 식품 등도 포함한다. 천연물은 육상식물, 해양생물, 혹은 미생물의 배양액에서 추출하여 얻는다. 다양한 추출물에는 수많은 천연물이 있고 자연계에서 화학물질의 다양성은 생물학적 다양성이나 지리적 다양성에 기반한다. 따라서 천연물 연구자들은 신약 탐색이나 생리활성 검색을 위해 다양한 환경에서 시료를 얻기 위해 노력한다. 이런 점에서 천연물 연구자들에게 극지는 매력적인 곳이다. 앞서 언급했던 혹독한 환경에서 적응한 생물들이 갖고 있는 독특한 활성 물질이 많이 발견되기 때문이다. 개체수와 종수는 다른 지역에 비해 적지만 활성을 갖는 화합물이 발견될 확률은 높다.

극지 천연물은 활성 물질의 발견 확률이 높지만 원시료의 획득은 매우 어렵다. 극지는 사람이 가기도 힘들고 가 있는 동안에도 혹독한 환경을 견디어야 한다. 게다가 시료의 채취는 매우 제한된다. 채취할 시료가 많지 않아 찾기도 쉽지 않고, 자연이 오랜 세월 동안 유지해온 생태계를 손상시키지 않아야 하기 때문이다. 일단, 소량의 시료를 확보한다면 이로부터 천연물 연구가 시작될 수 있다. 극지 천연물 연구는 이렇듯 시료의 확보에서부터 추출, 분리, 활성 검증, 구조 분석 등 모든 단계가 가시밭이다. 언제 어느 단계에서 재료가 고갈될지 모르기 때문이다. 원시료를 얻기 위해서는 극지의 여름까지 수개월을 기다려야 한다.

천연물의 역사와 쓰임새

'천연물'이라는 개념은 유기화학의 기초가 마련된 19세기 초로 거슬러 올라갑니다. 당시의 유기화학은 식물이나 동물을 구성하고 있는 물질을 다루는 화학이었습니다. 이후 천연물 연구는 활성을 가진 물질을 추출하고 분리하는 것에서 시작하여 인공적으로 합성하는 시대를 거쳐 분자의 입체구조 및 작용기작까지 예측하는 수준으로 발전하였습니다.

우리가 일상에서 흔히 접하는 아스피린이나 페니실린과 같은 약은 물론이고, 카페인과 멘톨과 같은 물질까지 천연물에서 찾아낸 화합물입니다. 최근에는 탁월한 항암효과로 잘 알려진 '탁솔'이라는 상표명의 파클리탁셀이 있습니다. 또한 2015년 노벨생리의학상은 말라리아 치료에 효과가 좋은 아르테미시닌을 개똥쑥에서 추출한 과학자들이 수상했고, '타미플루'라는 상표명으로 잘 알려진 오셀타미비르는 신종플루 치료에 효과가 있는 항바이러스제로 잘 알려져 있습니다.

천연물 의약품의 역사는 결코 짧지 않습니다. 인간은 수천 년 전부터 생약이란 형태로 자연으로부터 의약품을 얻어 사용하였습니다. 이제는 유기화학의 발달과 함께 화합물의 구조를 알 수 있게 되면서 약효를 높이고 부작용을 줄일 수 있게 되었고, 더 나아가 화학합성으로 대량생산까지 가능하게 되었습니다.

1 천연물화학의 역사

천연물 개념의 등장은 유기화학의 기초가 마련된 19세기 초로 거슬러 올라간다. 당시 유기화학은 식물이나 동물을 구성하고 있는 물질을 다루는 화학이었다. 유기화학은 무기화학에 비해 상대적으로 복잡한 형태이고 뚜렷하게 대조적인데 그 원리는 1789년 프랑스 과학자 앙투안 라부아지에**1743~1794**의 책《화학원론 *Traité élémentaire de chimie*》에서 확립되었다. 그는 유기물이 기본적으로 탄소와 수소로 이루어졌고 산소와 질소가 첨가된 형태로 제한된 수의 원소로 구성되었다는 것을 증명했다. 이후 천연물 연구는 활성을 가진 물질을 추출하여 분리하는 것에서부터 시작하여 인공적으로 합성하는 시대를 거쳐 분자의 입체구조 및 작용기작까지 예측하는 수준으로 발전하였다.

분리의 시대

아무래도 강력한 효능을 갖는 물질이 인간의 호기심을 끌었고, 구체적으로 추출물 중에서 어떤 성분이 그러한 효과를 보이는지 알아보기 위한 연구에서 천연물화학이 본격적으로 시작되었다고 할 수 있다. 그런 면에서 진통제, 환각제는 매우 좋은 연구 대상이다. 양귀비에서 추출한 알칼로이드의 끈적한 혼합물인 아편이 진통 및 환각 효과가 있다는 것은 이미 오래전에 알려져 왔다(그림 2-1). 1805년 독일 화학자 프리드리히 제르튀르너[1783~1841]는 아편초로부터 "잠의 근원(라틴어: principium somniferum)"을 분리해 내어서 그리스 신화의 꿈의 신 모르피우스에 대한 경의로 '모르피움'이라는 이름을 붙였는데 이 약이 지금의 모르핀이다(그림 2-1). 1870년대에 모르핀을 아세트산 무수물과 함께 끓이면 강력한 진통 효과가 있는 물질이 생성된다는 것을 발견했는데 이것이 헤로인이다.

그림 2-1

양귀비꽃과 모르핀의 화학적 구조

극지과학자가 들려주는 천연물 이야기

1815년 유진 세프렐1786~1889은 동물조직에서 스테로이드 계열에 속하고 결정체를 이루는 물질인 콜레스테롤(그림 2-2a)을 분리하였다. 1920년에는 알칼로이드의 일종인 스트리크닌strychnine이 분리되었다(그림 2-2b). 스트리크닌은 새나 설치류 같은 작은 척추동물을 죽이기 위해 살충제로 사용되는 무색의 알칼로이드 결정이다.

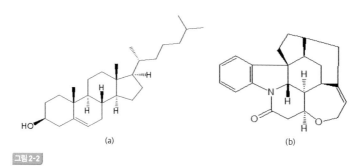

(a)　　　　　　　　　　　　　　　(b)

그림 2-2

(a) 콜레스테롤 (b) 스트리크닌

합성의 시대

천연물 연구는 이후, 분리하는 데서 더 나아가 유기물을 합성하는 단계로 발전하였다. 19세기 초에는 오랫동안 알려진 무기물의 합성에 비해 유기물의 합성은 매우 어려웠다. 1827년 세륨, 토륨,

셀레늄 등의 원소를 발견한 스웨덴의 화학자 옌스 야콥 베르셀리우스1779~1848는 유기물의 합성에 자연의 필수불가결한 힘이 필요하다고 주장하였다. 이는 생기론 또는 활력설*이라는 철학적인 사상으로 원자설이 등장한 후에도 19세기 많은 지지를 얻고 있었다. 생기론은 1828년 프리드리히 뵐러1800~1882가 무기물인 사이안산 암모늄을 가열하여 천연물인 소변에서 발견되는 요소의 합성에 성공하면서 무너지기 시작하였다(그림 2-3).

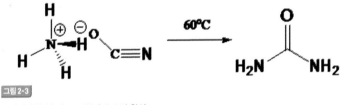

그림 2-3

사이안산 암모늄으로부터 요소의 합성

이 반응은 유기물을 얻기 위해 생기가 필요 없다는 것을 보여주었는데, 이러한 생각은 초기 약 20년간 많은 회의론에 봉착하였다. 그러다가 아돌프 헤르만 콜베1818~1894가 이황화탄소 (CS₂)로부터

* Vitalism: 생물에는 무생물과 달리 목적을 실현하는 특별한 생명력이 있다는 설. 여기에서 특별한 생명력이란 물리적으로 해석되지 않는 비물질적, 정신적, 초경험적인 힘이다(앨런 라이트먼, 2011).

극지과학자가 들려주는 천연물 이야기

초산을 합성하면서 유기화학은 탄소를 포함하는 물질을 다루는 독립적인 연구 분야로 발전하였다. 탄소는 자연에서 유래한 물질에서 다양하게 발견되는 공통의 원소였기 때문이다. 유기물의 특성에서 중요한 요인은 녹는점, 끓는점, 용해도, 결정화 정도, 색깔 등 물리적 성질이었다.

구조 규명의 시대

천연물이든 합성물이든 순수한 유기물의 원소 조성은 매우 정확하게 결정되었지만, 분자구조는 여전히 잘 알지 못했다. 구조를 밝히기 위한 연구는 프리드리히 뵐러와 유스투스 폰 리비히1803~1873의 논쟁에서 시작되었다. 그들은 동일한 조성이지만 서로 다른 성질을 가진 은염을 놓고 논쟁을 벌였다. 뵐러는 사이안산은silver cyanate, AgOCN을 연구했는데 이는 무해한 물질인 반면 폰 리비히는 폭발성을 지닌 뇌산은silver fulminate, AgCNO을 연구했다(그림 2-4).

원소 분석 결과 두 염은 동일한 양의 은, 탄소, 산소, 질소를 함유

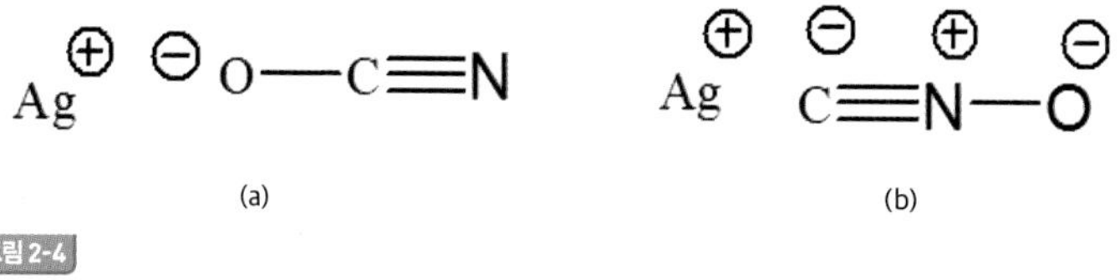

(a)   (b)

그림 2-4

(a) 사이안산은 (b) 뇌산은

하고 있었다. 그 당시 일반적인 이론에 따르면 두 물질은 동일한 성질을 가져야 하지만 이 경우는 그렇지 않았던 것이다. 이 명백한 모순은 베르셀리우스의 이성질체 이론으로 해결되었는데, 이는 원소의 개수와 종류뿐만 아니라 화합물 내 원자의 위치도 화학적 성질이나 반응성에 중요하다는 것이다. 이후 1858년 아우구스트 케쿨레1829~1896가 명확한 구조이론을 공식화하였다. 그는 탄소가 천연물에서처럼 탄소 사슬에 네 군데 결합할 수 있음을 밝혀냈다.

천연물 의약품 시대

애초 식물에서 분리할 수 있는 유기화합물에 기초한 천연물의 개념은 19세기 중반 폰 리비히에 의해 동물 유래 물질을 포함하는 것으로 확장되었다. 그는 자신의 실험으로 동물이 당과 녹말로부터 지방을 합성할 수 있음을 확신하였다. 1884년 헤르만 에밀 피셔1852~1919는 탄수화물과 퓨린계 연구에 집중하였고 1902년에 노벨화학상을 받았다. 그는 포도당, 마노스mannose 등 다양한 종류의 탄수화물을 실험실에서 합성하는 데 성공하였다. 1928년 알렉산더 플레밍1881~1955이 페니실린을 발견한 이후 곰팡이나 다른 미소생물들도 천연물의 생산자로 추가되었다. 20세기 전반에 천연물 연구에 기념비적인 업적을 남긴 사례는 표 2-1과 같다.

표 2-1 20세기 전반에 발견되거나 연구된 중요한 천연물

천연물	설명	주요 구조 (대표적 화합물)	주요 연구자
Terpene	Isoprene을 기본 골격으로 구성된 동식물에 널리 분포된 탄화수소의 한 종류	Isoprene	Otto Wallach (1910년 노벨화학상 수상) Leopold Ružička (1939년 노벨화학상 수상)
Porphin	피롤 네 개가 이어져 큰 고리를 이룬 화합물	Porphin	Richard Willstätter (1915년 노벨화학상 수상) Hans Fischer (1930년 노벨화학상 수상)
Steroid	지방산을 함유하지 않고 5개 또는 6개의 탄소로 이루어진 고리가 네 개 결합된 공통의 구조를 가진 지질	Gonane (steroidn ucleus)	Heinrich Otto Wieland (1927년 노벨화학상 수상) Adolf Windaus (1927년 노벨화학상 수상)
Carotenoid	식물이나 광합성생물의 엽록체와 유색체에서 발견되는 유기색소 (tetraterpenoids)	beta-catotene	Paul Karrer (1937년 노벨화학상 수상)

Vitamin	소량으로 신체기능을 조절하는 물질로 체내에서 스스로 합성하기 어려워 음식을 통해 섭취해야 하는 물질	vitamin C (L-ascorbic acid)	Paul Karrer, Adolf Windaus, Robert R. Williams, Norman Haworth (1937년 노벨화학상 수상) Richard Kuhn (1938년 노벨화학상 수상)
Hormone	신체의 내분비기관에서 생성되는 화학물질로 물질대사와 생식, 세포의 증식에 관여하는 물질	Epinephrine	Adolf Butenandt (1939년 노벨화학상 수상) Edward Calvin Kendall (1950년 노벨생리의학상 수상)
Alkaloid	2차 대사산물의 일종으로 질소 원자를 갖는 화합물	Nicotine	Robert Robinson (1947년 노벨화학상 수상)
Anthocyanin	꽃이나 과실에 포함되어 있는 색소로 잉신회 효괴기 있는 플라보노이드계 물질	Anthocyanin	Robert Robinson

2 천연물 신약

천연물 의약품의 역사는 결코 짧지 않다. 인간은 수천 년 전부터

극지과학자가 들려주는 천연물 이야기

생약이란 형태로 자연으로부터 의약품을 얻어 사용하였다. 특히 우리나라, 중국, 일본 등 동아시아 국가에서는 천연물을 임상에 사용한 경험이 풍부하다.《동의보감》,《본초강목》,《향약집성방》,《방약합편》 등은 익히 한 번씩 들어보았던 한의학 서적이자 천연물의 임상효과가 기록되어있는 중요한 자료들이다. 효능은 알고 있지만 물질의 본체를 밝힐 수 없어 공급의 문제점, 부작용의 위험이 있었다. 그러다가 19세기 이후 유기화학의 발달과 함께 화합물의 구조를 알 수 있게 되면서 약효를 높이고 부작용을 줄일 수 있게 되었다. 더 나아가 화학합성으로 대량생산까지 가능하게 되었다. 임상적으로 널리 알려진 천연물 신약 몇 가지를 소개하고 한다.

아스피린

아스피린(그림 2-5)은 20세기 최고 의약품 중 하나다. 아스피린은 밀도 $1.40g/cm^3$의 흰색 고체로 녹는점은 135℃이고 끓는점은 140℃로 액상으로 존재하는 온도 범위가 매우 좁다.

실제 아스피린은 천연물에서 직접 유래하지 않았다. 천연물의 효능과 부작용을 줄이는 연구를 통해 몇 단계의 변화를 거쳐 지금의 아스피린이 되었다. 아스피린은 진통제, 해열제로 사용되고 심혈관질환을 예방하기도 한다. 프로트롬빈 생성을 억제해 혈액의 항응고 작용으로 혈전을 예방할 수 있다. 부작용은 과다출혈이다.

그림 2-5

아스피린의 화학적 구조 및 버드나뭇과의 일종인 *Salix alba*

'아스피린'은 독일 바이엘의 상표명이지만 이미 널리 알려져 보통 명사화되었다. 아스피린은 아세틸살리실산acetylsalicylic acid, ASA인데 버드나무과의 식물의 껍질에 함유된 살리신salicin에서 유래하였다. 아스피린의 개발은 표2-2와 같이 19세기에 본격적으로 시작되었지만 그 역사는 기원전 1500년경에 이집트의 파피루스에 버드나뭇과 식물 껍질의 효능이 언급되었던 때로 거슬러 올라간다.

1890년대 후반에 살리실산은 위장 점막을 손상시키고 쓴맛이 있어 아세틸화를 추진하였고 아세틸살리실산을 개발하였다. 호프

표 2-2 아스피린 개발의 역사

시기	주요 내용
BC 1500년	버드나뭇과 식물 껍질의 효능이 파피루스에 언급됨
BC 400년	히포크라테스(BC 460~BC 370)가 버드나무 껍질 추출물이 고통을 완화시킨다는 것을 알았음
1828년	요한 부흐너(1783~1852)가 버드나무의 추출물에서 불순물을 제거하고 얻은 쓴맛 나는 노란색 시료를 버드나무의 라틴어 표현인 Salix를 본떠 '살리신'으로 명명함. 실제로 부흐너 이전에 브루나텔리Brugnatelli와 폰타나Fontana가 1825년에 먼저 얻었으나 불순물이 다량 함유되어 증명하지 못함
1829년	앙리 르루가 1.5kg의 버드나무 껍질에서 약 30g의 살리신 결정을 추출함. 단일 성분으로 2%를 얻었다는 것은 당시 수준으로는 큰 성공임
1838년	라파엘레 피리아(1814~1865)가 추출물에서 효능이 더 강한 산을 얻어 살리실산이라고 명명함
1853년	샤를 제라르트((1816~1856)가 살리실산의 나트륨염과 아세틸클로라이드를 혼합해 아세틸살리실산을 처음으로 제조하였으나 당시에 불순물이 많아 사용할 수 없었음
1859년	독일의 헤르만 콜베가 살리실산의 제조방법을 개발함
1897년	독일 바이엘의 펠릭스 호프만(1868~1946)이 조팝나무(Meadowsweet, *Filipendula ulmaria*)로부터 아세틸살리실산을 생산함

만의 바이엘은 새로 합성한 화합물을 'aspirin' ('a'는 acetyl에서, 'spirin'은 조팝나무의 예전 학명인 *Spiraea ulmaria*에서 따옴)이란 상호로 1899년부터 판매하였다. 역사에는 많은 논쟁이 있을 수 있는데, 아스피린도 주 개발자를 놓고 다른 의견이 있다. 1949년, 바이엘에서 근무했던 아르투르 아이헨그륀은 호프만은 실험실 규모

의 초기 단계에서 자신이 지시한 공정대로 아스피린을 합성했다면서 자신이 개발의 주역이라고 주장했다. 그는 당시 책임자였던 하인리히 드레서에 의해 자신의 공이 호프만에게로 넘어갔다고 밝혔다. 1934년 호프만이 아스피린의 발명자로 나왔을 때 나치 치하에서 유대인인 자신이 반론할 수 없었다고 했다. 이 주장은 일부에서 인정받고 있지만 바이엘에서는 부인하고 있다.

20세기 들어 스페인 독감의 유행 등으로 아스피린의 성장세는 가속화되었고 1917년에 미국 특허가 만료되면서 유사제품이 등장하였다. 1956년 아세트아미노펜과 1969년 이부프로펜의 시장 출시로 인기가 줄었지만 1980년대 임상시험을 통해 혈액응고방지 효능이 밝혀져 항응고제, 심장마비와 뇌졸중의 예방치료 등에 광범위하게 사용되고 있다.

아스피린의 작용기전을 간단하게 설명하면 다음과 같다 (천연물 의약품 편찬위원회, 2016). 우리 몸의 세포가 손상되면 사이클로옥시제네이즈cyclooxygenase, COX라는 효소가 아라키돈산arachidonic acid을 프로스타글란딘prostaglandin이라는 호르몬으로 전환시킨다. 프로스타글란딘은 혈전과 염증, 통증, 홍조, 발열을 야기하는데 이 호르몬의 생성을 막기 위해 아스피린으로 COX를 차단하는 것이다(그림 2-6a). 아스피린은 COX의 수산기에 아세틸기를 첨가하여 활성 부위를 변형시켜 아라키돈산을 전환시키지 못하게 한다(그림

2-6b).

아스피린은 장기 복용시 위벽세포를 보호하는 물질의 생합성을 억제하기 때문에 위장관 장애를 일으킬 수 있다. 위장이 위산에 의해 쉽게 손상되고 출혈이 일어날 수 있다.

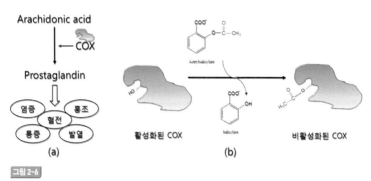

그림 2-6

(a) COX의 역할 (b) 아스피린의 작용 기전

페니실린

페니실린(그림 2-7)을 가장 대표하는 말은 '최초의 항생제'다. 항생제란 세균을 죽이거나 억제하는 물질이다. 죽이지는 못하더라도 세균의 성장, 활동, 번식을 억제하면 항생제라고 할 수 있다. 대부분의 항생제는 '마이신'이라는 이름을 갖는다. 가나마이신 kanamycin, 스트렙토마이신streptomycin, 네오마이신neomycin, 에리스로마이신erythromycin, 린코마이신lincomycin 등은 항생기능을 갖는다. 참고로 항균제란 박테리아를 죽이거나 억제하는 물질이고, 항진균제는 진균(곰팡이)을 죽이거나 억제하는 물질이다.

페니실린을 최초로 발견한 사람이 플레밍이고 이 공로로 1945년 노벨생리의학상을 수상한 것은 너무도 잘 알려진 사실이다. 하지만 그와 공동으로 상을 받은 하워드 플로리1898~1968와 어니스트 체인1906~1979의 업적은 그다지 알려져 있지 않다. 아무래도 플레

베타-락탐 고리(붉은색)를 갖는 페니실린 G의 화학적 구조

밍의 페니실린 발견에 얽힌 사연이 더 극적이고 흥미롭기 때문일 것이다. 플로리와 체인은 플레밍이 접었던 페니실린 연구를 재개하여 의료분야에 적용하고 대량생산을 완성시켰다(표 2-3).

극지과학자가 들려주는 천연물 이야기

표 2-3 페니실린 개발의 역사(위키피디아 참조)

시기	주요 내용
1800년	*Penicillum* 등 곰팡이에서 여러 종류의 항균물질이 나온다는 것을 알았으나 정확한 내용은 알 수 없었음
1928년	플레밍이 곰팡이로 오염된 주위에 포도상구균이 잘 자라지 못하는 것을 보고 항균 물질을 분비한다는 것을 보고함. 곰팡이는 *Penicillium*으로 알려졌고 배양액을 여과하여 페니실린으로 명명함
1930년	세실 페인이 페니실린을 심상성 모창(모낭염) 치료에 사용하여 실패했으나, 신생아 안염에 적용하여 최초로 치료 기록을 남김
1939년	플로리와 체인 등 동료연구자들이 페니실린의 항균작용에 대한 생체실험을 시작함
1940년	쥐에서 세균감염을 효과적으로 치료함
1941년	사람에게 최초로 투여했으나 페니실린이 고갈되어 환자는 죽었고 이후 다른 환자들은 성공적으로 치유됨. 미국에서 약으로 개발할 회사를 찾아 다님
1942년	머크에서 생산한 페니실린으로 첫 번째 환자가 치료된 이후 그해 6월까지 10명의 환자가 치료됨
1944년	230만 회 처방 가능한 생산성을 갖는 공정이 개발됨
1945년	도로시 호지킨(1910~1994)이 엑스선 결정학으로 페니실린의 구조를 밝힘
1957년	존 시한(1915~ 1992)이 페니실린의 합성법을 완성함

페니실린은 화학구조에 따라 F, G, K, X 등 여러 종류가 있다. 구조적 차이는 전구물질의 차이에서 비롯된다. 페니실린의 작용기전은 베타-락탐계 항생제의 작용기전과 같다. 박테리아는 펩티도글리칸peptidoglycan이라는 성분이 그물처럼 얽혀 있는 세포벽으로

둘러싸여 있다. 박테리아가 성장하고 분열할 때 세포벽을 분해하고 합성하는 과정을 반복하게 되는데 세포벽을 만드는데 필요한 효소 중의 하나가 바로 트랜스펩티다아제transpeptidase이다. 페니실린의 베타-락탐β-lactam 고리가 이 효소에 결합하여 세포벽 생성을 억제한다(그림 2-8). 결국 박테리아는 삼투압을 견디지 못하고 죽는다.

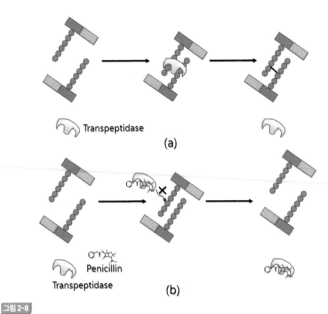

페니실린의 작용 기전 (a) 페니실린이 없을 때, (b) 페니실린이 있을 때

극지과학자가 들려주는 천연물 이야기

페니실린의 장점은 세포벽이 없는 세균이나 세포에는 효과가 없어 인체에 거의 영향을 주지 않는다는 것이다. 반면, 그람음성균에는 효과가 없다. 그람음성균은 세포벽 외에 바깥쪽에 외막이 존재하는 데 페니실린은 이곳을 통과하지 못한다. 또한 많은 그람음성균은 베타-락타마아제β-lactamase라고 하는 효소를 만들어내는데 이 효소가 페니실린의 핵심구조인 사각링β-lactam ring을 깨뜨린다. 4개의 원자로 이루어진 베타-락탐 고리는 불안정하다. 단일결합한 탄소 원자나 질소 원자가 형성하는 결합각이 약 109도인 반면 4원자 고리가 형성하는 각은 90도이기 때문이다(르 쿠터 & 버레슨, 2007). 따라서 페니실린류의 항생제는 저온보관해야 한다. 우리가 병원 약국에서 처방받은 항생제를 냉장고에 보관해야 하는 이유가 여기에 있다. 페니실린의 단점은 인체가 이물질로 인식하여 항체를 형성하는 등 페니실린 쇼크가 가끔 나타날 수 있고 다른 항생제처럼 내성균 문제도 있다는 것이다. 페니실린의 성능과 단점을 개선하기 위한 노력의 결과 페니실린이 듣지 않던 박테리아도 죽일 수 있는 암피실린ampicillin, 베타-락타마아제로부터 공격을 적게 받는 메티실린methicillin, 안정성을 향상시킨 페니실린 V 등을 개발하였다.

페니실린이 1940년대 본격적으로 개발되기 이전에 설파제sulfa drugs가 항생제 역할을 하였다. 설파제의 공통 구조는 파라-아미노벤조산p-aminobenzoic acid의 구조와 거의 유사하다(그림 2-9). 파라-아미노벤조산은 엽산을 만드는 필수요소인데 감염균이 이 둘을 구분하지 못하여 엽산folic acid을 만들지 못한다. 설파제는 엽산을 만드는 감염균에 작용하여 수십만 명의 부상 군인과 폐렴 환자들의 목숨을 구했고 임산부들의 사망률도 떨어뜨렸다. 설파제는 세균 감염에 널리 사용된 합성 항생제였다(르 쿠터 & 버레슨, 2007).

카페인

카페인(그림 2-10)은 세상에서 가장 애용되는 약물이다. 알칼로이드의 일종이며 커피, 차 등에 존재하며 약간 쓴맛이 있다. 침상의 결정으로 밀도는 $1.23g/cm^3$이고 무수물의 녹는점은 227~228℃로 알려졌고 120~178℃에서 승화한다. 물에 대한 용해도는 온도

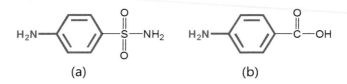

그림 2-9

(a) 설파제 (b) 파라-아미노벤조산

에 크게 민감하여 25℃에서 21.7g/L, 80℃에서 180g/L, 100℃에서 670g/L이다. 현재 카페인은 커피 등 식물에서 추출하기도 하지만 수요를 감당하지 못하여 많은 양을 합성하여 사용하고 있다(머리 카펜터, 2015). 천연물과 합성물은 방사성 동위원소 분석을 통하여 분별할 수 있다고 한다. 천연물에서 유래한 카페인은 현재의 동위 원소 분포를 보이지만 합성 카페인은 원료가 지하자원에서 유래되 어 과거의 동위원소 비율을 갖는다고 한다. 카페인은 졸음을 쫓고 집중력을 높이는 효과가 있어 음료수에 첨가되기도 한다.

카페인의 역사는 차와 커피의 역사와 궤를 같이한다. 기원전 2700년경 중국의 신농神農 이야기에 차가 등장하고 15세기 커피나 무가 언급되고 있지만 천연물로는 19세기 초에 연구되기 시작하 였다(표 2-4).

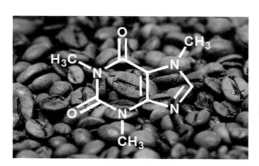

그림 2-10

카페인의 화학적 구조 및 커 피 열매

표 2-4 카페인 개발의 역사(위키피디아 참조)

시기	주요 내용
1819년	룽게(1795~1867)가 상대적으로 순수한 카페인을 분리하였고 "Kaffebase(커피에 있는 base)"라 명명, 그에 따르면 괴테가 의뢰했다고 함
1821년	로비케(1780~1840)와 다른 학자들인 펠레티에르(1788~1842)와 카방투(1795~1877)가 독립적으로 카페인을 분리함, 펠레티에르는 그의 논문에서 처음으로 "Caféine"을 언급함
1827년	오드리(M. Oudry)가 차에서 "théine"을 분리하였으나 후에 카페인으로 밝혀짐
1895년	피셔가 최초로 전합성(total synthesis)을 성공함
1897년	피셔가 카페인의 구조를 밝힘, 1902년 노벨화학상을 수상함.

카페인의 효능은 다음과 같다. 첫째, 신진대사를 활성화시키고 에너지를 보충해준다. 카페인은 산화효소인 cytochrome P450의 시스템에 의해 파라잔틴으로 전환된다(천연물의약품 편찬위원회, 2016). 파라잔틴paraxanthine이 지방분해를 촉진해 혈장에서 유리 지방산과 글리세린 농도를 증가시킨다. 카페인 음료를 500mL만 복용해도 일의 효율성이 10~20% 증가한다고 한다. 둘째, 각성효과다. 신경전달물질 중 하나인 도파민의 분비량을 늘려 도파민 수용체에 작용해 신경세포를 흥분시킨다. 셋째, 졸음방지다. 카페인과 매우 닮은 구조를 지닌 아데노신adenosine은 뇌에서 수용체와 결합하면 신경세포의 활동을 저하시켜 졸음을 유발한다. 카페인은

신경세포 수용체에 결합하지만 신경세포의 작용을 감소시키지 않는다. 넷째, 소화력 향상이다. 위를 자극하여 위산량을 증진시키기 때문이다. 다섯째, 이뇨작용이다. 카페인의 대사물인 테오브로민은 혈관을 확장시키며 소변의 양을 증가시킨다. 그 외, 조산된 신생아의 수면 중 무호흡증과 불규칙한 심장박동을 치료하는 용도 및 편두통이나 심장병 등에도 쓰인다.

카페인의 부작용으로는 불안감, 신경과민, 불면증, 위염이나 위궤양, 탈수 현상, 칼슘 흡수 방해 등을 들 수 있다. 인간의 건강과 관련이 깊은 카페인의 특징을 잘 알고, 좋은 점은 유용하게 이용하고 나쁜 점은 피할 수 있어야 할 것이다(표 2-5).

표 2-5 카페인의 불편한 진실들(머리 카펜터, 2015)

카페인은 전 세계에서 가장 흔하게 남용되는 약물이다.

정제된 카페인 한 숟가락이면 목숨을 잃을 수 있다.

카페인은 인기 있는 마약 희석제이자 증량제다.

커피 업체 간에 카페인양은 많게는 6배 이상 차이가 있다.

차를 오래 우려낼수록 카페인 함량도 증가한다.

청량음료 10개 중 8개에는 분말 카페인이 들어 있다.

카페인은 피로를 해소시키는 것이 아니라 신경전달물질을 차단시켜 피곤하다는 느낌만 날려줄 뿐이다.

카페인의 각성 효과는 3~4시간 동안만 지속된다.

카페인의 과다섭취는 우울증이나 불안증을 유발한다.

카페인 섭취를 갑자기 중단하면 두통, 근육통, 피로감, 무기력 같은 금단 증상이 나타날 수 있다.

멘톨

박하사탕을 먹으면 청량감이 입속 가득하다. 바로 멘톨(박하뇌)의 작용이다. 멘톨은 차가움을 느끼는 신경을 자극하고 고통을 느끼는 신경을 둔하게 만들어 준다(Karukstis & Van Hecke, 2005). 멘톨은 박하나 기타 박하류의 기름에서 추출하거나 합성하여 얻는다. 말랑말랑한 결정질이고 투명하거나 흰색을 띤다. 녹는점은 42~45℃이고 212℃에서 끓는다. 물에는 거의 녹지 않는다.

증류통에 박하 건초를 넣고 수증기를 통과시키면 건초에 함유되어 있는 기름이 휘발한다. 이것을 냉각시키면 기름과 물이 함께 떨어진다. 박하유와 물은 비중이 서로 다르기 때문에 쉽게 분리할 수 있다. 이 기름을 정유精油, essence 또는 원유라고 한다. 정유를 5℃ 이하에서 냉각하여 멘톨을 얻는다.

일본에서 2000년 전부터 박하를 재배해오고 있고 그 효능을 오래전부터 알고 있었으나 멘톨이 본격적으로 연구된 것은 18세기 말이다(표 2-6).

표 2-6 멘톨의 개발 역사

시기	주요 내용
1771년	가우비우스(1705~1780)가 박하에서 수증기 증류법으로 최초로 (-)-menthol을 분리해냄
1861년	오펜하임(1833~1877)이 멘톨이라 명명함. 식물명 Mentha에서 유래
1928년	일본회사 다카사고(高砂)향료공업에서 (-)-menthol 합성법을 개발하여 특허 등록함
1954년	(-)-menthol 합성 생산 시작
1973년	Thymol을 전구체 물질로 이용하는 합성법 개발
1983년	노요리 교수(1938~)가 개발한 mycrene을 전구물질로 이용하는 합성법 사용, 비대칭합성에 관한 공로로 2001년 노벨화학상 수상

멘톨은 chiral center가 세 군데 있다. 따라서, 광학이성질체 수가 2^3=8개 있다. 천연에서 처음 확인된 menthol은 가장 뛰어난 청량감을 보이는 (-)-menthol (1R, 2S, 5R-2-isopropyl-5-methylcyclohexanol) 이다(그림 2-11). 다카사고 향료공업에서

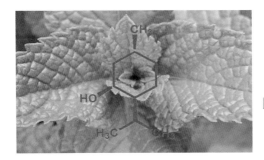

그림 2-11

(−)−Menthol의 화학적 구조와 박하 잎

94%의 광학이성질체로 (-)-menthol을 연 3,000톤 생산하는 것으로 알려지 있다.

알려진 멘톨의 효능은 다음과 같다. 첫째 청량감이다. 특유의 향은 눈을 맑게 해주고 두통을 해소시키는 심리적 효과증대에 많은 도움이 된다. 멘톨이 Cold-sensitive transient receptor potential cation channel[TRPM8]에 작용하여 세포 내 칼슘이온의 농도를 증가시키고 이동을 촉진하여 청량감을 주는 것으로 알려져 있다(천연물의약품 편찬위원회, 2016). 둘째, 진통 효과가 있다. (-)-menthol의 경우 통증 역치를 올려 진통 효과를 줄 수 있는 반면 (+)-menthol은 진통 효과가 없다고 한다. 멘톨이 voltage-gated Na^+ channel을 억제하여 진통 효과가 있는 것으로 보고 있다(천연물의약품 편찬위원회, 2016). 멘톨의 피부장벽투과 증강 효과 때문에 진통소염제로 사용되는 indomethacin, ketoprofen 등에 첨가되어 이들 약물의 피부투과를 촉진하는 데 사용되기도 한다.

멘톨은 의약품 외에도 다양하게 사용된다. 담배 첨가제로 흡연으로 인한 목구멍과 부비동 자극을 완화시킨다. 하지만 니코틴 수용체 밀도를 증가시켜 니코틴 중독을 가속화한다. 구강 세정제, 치약, 사탕, 껌 등에도 첨가된다. 그 외에도 꿀벌 진드기에 대한 살충제, 얼음을 대체하는 냉각 효과가 있는 미네랄 얼음으로 응급처치 재료, 유기화학에서 비대칭 합성의 카이랄 보조제로 사용된다.

파클리탁셀

흔히 탁솔Taxol이라는 상표명으로 알려진 파클리탁셀paclitaxel은 1967년에 태평양 주목yew tree, *Taxus brevifolia*의 껍질에서 처음 분리되었으며 난소암, 유방암, 폐암 등의 치료에 사용되는 천연물이다(그림 2-12, 표 2-7).

파클리탁셀은 미국의 국립암연구소가 20여 년간 진행한 35,000점 이상의 식물추출물과 110,000개 이상의 화합물 중에서 가장 유망한 항암제 후보 물질로 밝혀졌다(천연물의약품 편찬위원회, 2016). 파클리탁셀 10g을 얻기 위해서 1,200kg의 주목나무 껍질이 필요하여 원료 공급에 어려움을 겪었다. 1kg의 파클리탁셀을 얻기 위해 3,000여 그루의 주목이 필요하고 환자 한 명당 치료에

그림 2-12

파클리탁셀의 화학적 구조와 주목의 사진

표 2-7 파클리탁셀의 개발 역사

시기	주요 내용
1955년	미국 국립암연구소National Cancer Institute가 항암 활성물질 스크리닝 시작
1962년	매년 1,000여 종의 식물 시료 채취하던 중 태평양 주목 수집
1964년	Taxus 껍질 시료에서 항암 활성 발견
1967년	Research Triangle Institute의 먼로 월(1916~2002)과 만수크 와니(1925~)가 천연물을 분리하고 'Taxol'이라 명명함
1971년	Taxol의 구조를 밝힘
1984년	임상 1상 시험 시작
1985년	임상 2상 시험 시작
1990년	BMS(Bristol-Myers Squibb)가 탁솔을 상표명으로 신청하고 논쟁 끝에 1992년 승인받음. 파클리탁셀이 탁솔 이름을 대체함
2000년	16억 달러 매출 달성

필요한 2.5~3g은 60년생의 주목 8그루가 필요하다는 계산이 제시되었다. 자연에 존재하는 주목은 천천히 성장하고 이로부디 파클리탁셀을 분리정제하는 것은 환경 파괴 및 경제성의 문제가 있다. 항암 효과로 의약품 개발이 힘을 받게 된 후로 반합성 및 전합성 연구법도 활발하게 진행되었다. 현재는 식물세포 발효기술을 이용하여 파클리탁셀을 공급하고 있다(천연물의약품 편찬위원회, 2016). Phyton Biotech에서는 파클리탁셀 및 docetaxel을 식물세포 배양

기술을 이용하여 대량으로 생산하고 있다. 최근에는 내생진균 endophytic fungus이 파클리탁셀을 생산할 수 있다는 연구결과가 발표되면서 미생물 발효생산 방법이 연구되고 있다(Venugopalan & Srivastave, 2015).

파클리탁셀은 DNA, RNA, 단백질 합성에는 영향을 미치지 않고 미세소관조립 촉진자microtubule assembly promoter로 작용하는 것으로 알려져 있다. 파클리탁셀은 암세포의 유사분열시 미세소관의 조립을 증진시키고 일단 형성된 미세소관을 안정화시켜 고분자 상태로 남아있게 한다. 미세소관의 조립이 저해되면 유사분열에 필요한 방추사의 형성이 억제되어 세포분열주기상의 암세포가 G2기와 M기에 머무르게 되어 세포독성 효과를 나타낸다. 또한, 이 G2기와 M기는 방사선에 매우 민감한 주기로 알려져 있어 방사선 치료와 병용할 경우 세포독성효과가 증대된다(그림 2-13).

대부분의 항암제가 그러하듯이 파클리탁셀의 부작용도 크다. 우선 면역계를 저해하여 감염이 발생하기 쉽게 한다. 또한 탈모도 촉진하며 새롭게 머리카락이 자라는 것도 억제한다. 그 외에도 일시적이거나 장기적인 신경 손상도 유발할 수 있다. 그러나 인간이 의도적으로 스크리닝하여 항암효과를 갖는 물질을 찾고 상업화에 성공했다는 점에서 파클리탁셀은 의미가 큰 천연물이다.

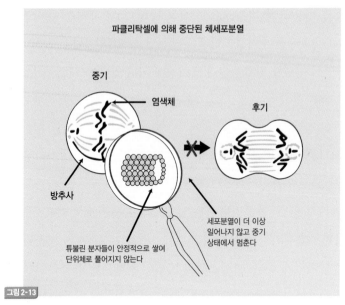

파클리탁셀에 의해 중단된 체세포분열

중기

염색체

후기

방추사

튜불린 분자들이 안정적으로 쌓여
단위체로 풀어지지 않는다

세포분열이 더 이상
일어나지 않고 중기
상태에서 멈춘다

그림 2-13

파클리탁셀의 작용기전

아르테미시닌

2015년 노벨생리의학상은 기생충, 말라리아 치료제를 개발한
공로가 있는 과학자들에게 수여되었다. 그중 말라리아 치료제로
개발된 아르테미시닌Artemisinin은 개똥쑥Artemisia annua에서 찾아
낸 천연물이다(그림 2-14).

아르테미시닌과 그 유도체는 말라리아 병원충의 원충에 대하여

강력한 살충력을 보인다. 특히 클로로퀸에 저항성을 나타내는 열대열 말라리아 병원체에 대해서도 우수한 살충효과를 나타낸다(천연물의약품 편찬위원회, 2016). 아르테미시닌은 투유유1930~ 교수가 4세기 중국에서 편찬된《주후비급방肘后备急方》에서 청호(개똥쑥의 한약재 이름)가 학질을 치료한다는 기록을 참고하여 개발하였다(표 2-8).

그림 2-14
아르테미시닌의 화학적 구조와 개똥쑥의 사진

아르테미시닌은 peroxide 구조를 가지며 이 부분이 약효를 나타내는 것으로 알려졌다. 말라리아 원충이 적혈구 내에 진입하는 단계에서 항말라리아 활성을 나타내는 것으로 알려져 있다. 그 작

표 2-8 아르테미시닌의 개발 역사

시기	주요 내용
4세기	동진(東晉) 시대 갈홍(283~343)이 개똥쑥의 처리방법을 《주후비급방》에 언급
1596년	명나라 이시진(1518~1593)이 쓴 《본초강목》에서 말라리아(학질) 치료에 청호(靑蒿)로 만든 차를 추천함
1967년	중국에서 말라리아 치료제를 찾기 위해 식물 스크리닝 프로그램인 Project 523 시작
1972년	투유유가 개똥쑥에서 아르테미시닌을 발견하고 청호소(靑蒿素, qinghaosu)로 명명함
1984년	화학적 합성법 개발 (20단계 총수율 0.3%)
2006년	전구체 아르테미시닉산 생산 재조합 효모 제작
2006년	아르테미닉산 생산 담배속 식물 Nicotiana benthamiana 재배

용 기작은 현재 여러 이론이 있다(천연물의약품 편찬위원회, 2016). 첫째, 아르테미시닌이 소화된 헤모글로빈 분자와 상호 작용하여 자유 라디칼을 생성하여 원충을 사멸시킨다는 이론이다. 둘째, 말라리아 원충 세포 내의 'PfATP6'와 상호 작용하여 이 효소를 억제하여 칼슘 농도의 상승으로 원충을 사멸시킨다는 것이다. 아르테미시닌이 헴heme에 의하여 특이적으로 활성화되어 제일철(Fe^{2+})을 공급받아 말라리아 원충의 필수 단백질에 비가역적으로 결합하여 원충을 죽이는 것으로 이해된다(천연물의약품 편찬위원회, 2016).

아르테미시닌은 약효시간이 짧은 단점이 있다. 열대열 말라리아 치료에 다른 약품과 병용하여 사용한다. 아르테미시닌은 고대 의학 서적의 내용을 근거로 개발한 신약으로 매년 수십만 명의 생명을 구한 천연물 연구의 대표적인 성공 사례로 꼽힌다.

오셀타미비르

"감기는 치료하면 7일 가지만, 아무것도 하지 않는다면 일주일 간다"는 말이 있다. 감기로 기침이 나면 기침약을, 열이 나면 해열제를 처방하지만 증상을 완화시킬 뿐 바이러스를 치료하는 약은 없다는 것이다. 그러나 이제는 적어도 신종플루의 경우 치료제가 등장했다. 타미플루라는 이름으로 판매되는 오셀타미비르는 A형 인플루엔자와 B형 인플루엔자를 치료하고 예방하는데 사용되는 항바이러스제다(그림 2-15).

오셀타미비르Oseltamivir는 길리어드사이언스Gilead Sciences의 과학자들이 시키믹산shikimic acid을 출발물질로 사용하여 합성하였다. 그 중심에 재일교포 화학자 김정은 박사가 있다. 그는 1994년 《네이처》에 실린 리렌자Relenza에 관한 GSKGlaxoSmithKline의 논문을 보고 타미플루를 개발하게 되었다고 밝혔다(천연물의약품 편찬위원회, 2016). 리렌자가 흡입제 형태로 제조되어 투약이 불편했기 때문에 인플루엔자 치료제를 먹는 알약으로 개발하면 충분히 성공할 수 있다고 본 것이다.

그림 2-15

오셀타미비르의 화학적 구조와 팔각회향

시키믹산은 원래 중국 팔각회향star anise, Illicium verum의 추출물로만 획득할 수 있었다(그림 2-15). 시키믹산은 대부분의 독립영양생물에 존재하지만 생합성 중간체이며 일반적으로 매우 낮은 농도에서 발견된다. 팔각회향에서 추출한 시키믹산의 낮은 수율은 2000년대 타미플루 품귀현상으로 이어지기도 했다. 시기믹산은 북미 지역의 풍향수sweetgum, Liquidambar styraciflua 과일의 씨앗에서 1.5%의 수율로 추출할 수 있다(Enrich 등, 2008). 타미플루 14개 패키지에는 4kg의 풍향수 씨앗이 필요하다. 이에 비해 팔각회향은 3~7%의 수율로 시키믹산을 생산하는 것으로 알려져 있다. 대사공학적 방법을 이용하여 재조합 대장균의 생합성 경로를 조절

극지과학자가 들려주는 천연물 이야기

하여 상업적으로 사용될 수 있는 충분한 양의 시키믹산을 축적할 수 있도록 하는 연구도 진행되었다(Kramer 등, 2003; Ghosh 등, 2012; Johansson 등, 2005). 한편, aminoshikimic acid는 오셀타미비르의 합성을 위한 출발 물질로 시키믹산의 대안으로 제시되었다.

길리어드는 1996년 로슈에 독점적으로 관련 특허 실시를 허가했고, 1999년에 FDA는 인플루엔자 치료제로 타미플루를 승인했다. 2005년 동남아시아에서 H5N1 조류 인플루엔자가 유행한 동안 타미플루가 널리 사용되었다. 이후 인플루엔자 대유행에 대비하여 영국, 캐나다, 이스라엘, 미국 및 호주를 비롯한 많은 나라가 타미플루를 가능한 비축했기 때문에 세계적으로 약이 부족했다. 인도 제약 회사인 Cipla는 타미플루만큼 효과적인 Antiflu를 개발하여 2009년 5월, WHO 승인을 얻었다.

인플루엔지는 인간의 호흡기로 들어가면 점막세포에 침투한 뒤 증식하는데 타미플루는 인플루엔자 바이러스가 다른 세포를 공격하기 위해 이용하는 뉴라미데이즈 효소에 결합하여 확산을 차단, 고사시킨다. 신종플루 바이러스의 표면에는 H[Hemaglutinin], N[Neuraminidase]의 두 가지 항원 단백질이 있다. 이 중 H 단백질은 바이러스 입자가 숙주세포 표면의 특수한 당단백질 사슬 부위에 단단히 결합하게 하여 숙주 세포막을 뚫고 안으로 들어가게 한다.

표 2-9 오셀타미비르의 개발 역사.

시기	주요 내용
1994년	GSK가 《네이처》에 리렌자 관련 논문 출간
1996년	길리어드에서 시키믹산으로 오셀타미비르를 합성 개발하여 스위스 로슈에 특허권 판매
1999년	FDA 승인, 미국, 캐나다 등에서 판매 시작
2005년	동남아에서 유행한 H5N1 조류 인플루엔자 치료에 사용, 이후 각국의 사재기로 공급 문제 대두
2009년	인도 Cipla 사에서 타미플루의 복제약 Antiflu의 WHO 승인 획득
2016년	로슈의 특허권 소멸 시작

N 단백질은 복제된 바이러스가 숙주세포에서 떨어지는 단계 release에서 숙주세포 표면의 당단백질 사슬의 끝부분인 시알산을 인식하고 분해하는 역할을 한다. 오셀타미비르는 시알산의 구조와 유사하여 바이러스의 N 단백질이 결합하게 되고 바이러스는 숙주세포에 계속 붙어 있게 되어 추가로 감염되는 핏을 막는다.

오셀타미비르는 감염의 첫 징후가 발생한 지 48시간 이내에 처방하도록 권장하고 있다. 최근 체계적인 검토와 메타 분석 결과 오셀타미비르은 인플루엔자 증상의 치료, 입원 기간 단축, 중이염 위험 감소에 효과적인 반면 메스꺼움, 구토, 성인의 정신병 및 어린이 구토 위험을 증가시키는 것으로 나타났다. 부작용 없는 약은 없는 듯하다.

3 천연물 화장품

화장품은 "인체를 청결·미화하여 매력을 더하고, 용모를 밝게 변화시키거나 피부·모발의 건강을 유지 또는 증진시키기 위하여 인체에 사용되는 물품으로서 인체에 대한 작용이 경미한 것"으로 정의된다(화장품법 제2조1항). 주로 피부에 관련된 미백, 주름 개선, 자외선 차단 등의 작용을 하는 물질을 뜻한다. 단, 의약품에 해당하는 물품은 제외한다. 의약품보다 상대적으로 개발하기 쉬운 점에서 많은 천연물 화장품이 개발되었다. 알부틴Arbutin, 에틸아스코빌에텔3-O-Ethyl ascorbate, 닥나무 추출물, 감초 추출물은 피부미백용으로, 레티놀, 아데노신 등은 주름개선용으로, 드로메트리졸, 벤조페논 등은 자외선 차단용으로 사용되고 있다. 정확한 물질명을 알수 없고 단일 성분으로 정제되지 않은 추출물도 화장품의 원료가될 수 있다는 점이 의약품과 다른 점이라고 할 수 있다.

레티놀

레티놀은 비타민 A의 일종으로 동물에서 발견된다. 1960년 IUPAC은 이물질이 망막retina에 특수한 작용을 나타내며, 알코올기가 있기 때문에 레티놀retinol이라 명명하였다. 레티놀은 생체 내에서 레티날, 레티노익산으로 변환되며 이들을 통틀어 레티노이드retinoid라고 한다(그림 2-16).

레티놀은 피부세포의 분화를 촉진하고, 주름에 영향을 주는 콜라겐(collagen, 교원섬유)과 탄력에 영향을 주는 엘라스틴(elastin, 탄력섬유) 등의 생합성을 촉진하여 주름을 감소시키고 피부탄력을

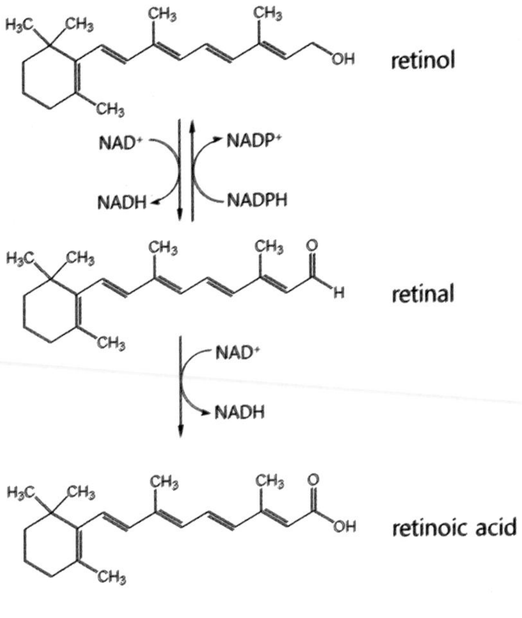

그림 2-16

레티놀, 레티날, 레티노익산의 전환과정(Rižner, 2012).

극지과학자가 들려주는 천연물 이야기

증대시키는 효능이 있다. 1980년대 여드름 치료약으로 사용되던 레티노익산을 처방받은 환자들의 피부가 희어지고 기미가 옅어지며, 광노화에 의한 주름완화에 효과가 있는 것이 발견되면서 관심받기 시작했다. 레티노익산은 자극이 강해서 부작용이 동반되어 의사의 처방전이 필요하여 화장품에 사용할 수 있는 순수한 비타민 A 레티놀을 이용하게 되었다. 제약 및 화장품 원료로서의 레티놀의 효능은 다음의 세 가지로 요약할 수 있다(손의동, 2006).

첫째, 진피에 있는 콜라겐의 손상과 변성을 방지하고 생성을 촉진시킨다. 따라서 주름을 눈에 띄지 않게 한다. 레티놀의 일부가 레티노익산으로 변하면서 피부 속까지 침투하여 작용하기 때문이다.

둘째, 표피의 각질세포는 수분을 듬뿍 보유하면서 기미도 옅게 하며 여드름, 건선, 각질 이상 등에도 효과가 좋다. UV에 의한 광노화 회복 효과도 있다.

셋째, 레티놀은 세포의 증식을 억제하는 작용을 하여, 전신에 섭취되었을 때에는 암의 증식을 예방하는 작용을 한다. 백혈병 치료제, 항염증제로 쓰이는 등 면역 기능에 중요한 역할을 하고 있다.

아데노신

아데노신은 아데닌이 리보스의 1번 탄소에 베타-N9-글리코사이드 결합으로 이어져 있는 뉴클레오타이드다(그림 2-17). 아데노신은 세포 에너지 대사의 주성분이다. 아데노신에 인산기가 3개 날린 유기화합물이 아데노신 삼인산 **ATP, adenosine triphosphate** 이다(그림 2-17).

피부 기능을 촉진하고, 손상되거나 비정상적인 세포의 기능을 활성화한다. 또한 햇빛 노출로 인한 손상을 바로 잡는 역할을 한다. 앞서 소개한 레티놀은 빛에 약한 단점이 있지만 아데노신은 내피에서 단백질을 합성해 세포 재생력을 향상시키고 피부 탄력 증강에 탁월한 효능을 발휘하며 독성이 없기 때문에 지속적으로 사용 가능하다. 미토콘드리아에서 콜라겐 합성시 ATP가 소모되고 활성산소가 늘어나게 된다. 섬유아세포는 노화되고 피부의 기능은 저하되는데 아데노신이 ATP의 생성을 촉진시켜 피부 재생에 도움을 준다. 아데노신은 혈관을 넓히거나 확장하는 것을 돕고 심박수를

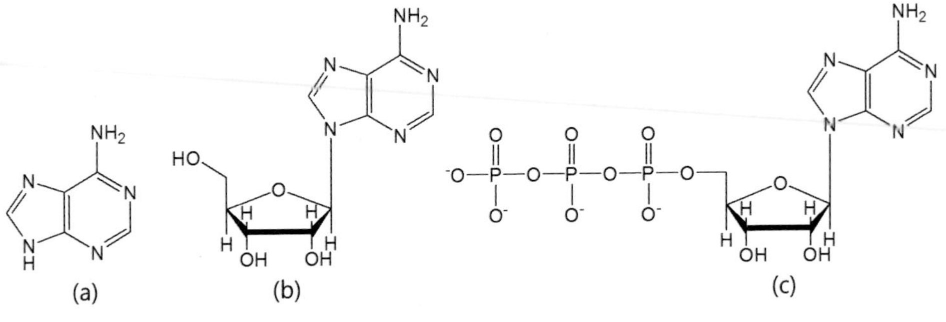

그림 2-17

(a) 아데닌 (b) 아데노신 (c) 아데노산삼인산

극지과학자가 들려주는 천연물 이야기

줄이는 역할을 한다. 임상적으로 허혈성 심질환 치료에 응급시 사용될 수 있다(Ann & Lee, 2011).

4 천연물 건강기능식품

건강기능식품은 인체에 유용한 기능성을 가진 원료나 성분을 사용하여 제조(가공 포함)한 식품을 말한다(건강기능식품에 관한 법률, 제3조 1호). 일반 식품과 달리 동물시험, 인체적용시험 등 과학적 근거를 평가하여 기능성을 인정하고 있다. 기능에 따라 면역기능 개선, 체지방 감소, 위장 건강, 기타 대사성 질환 관련 등으로 구분할 수 있다(연구성과실용화진흥원, 2016).

면역기능 개선 천연물

면역기능에 이상을 초래하는 요인들은 크게 면역저하(감염, 스트레스, 환경오염 등), 자가면역 질환 (류머티즘 등), 면역과민반응(아토피, 알레르기 등)이 있다. 따라서 면역기능 개선은 면역을 조절하여 생체 방어능력을 증강시키는 면역기능 증진과 외부 물질에 반응하여 초래되는 바람직하지 않게 증가된 면역 반응을 억제하는 과민면역반응 완화로 구분할 수 있다. 면역기능 개선 건강기능식품은 표 2-10과 같다(곽재욱, 2005).

표 2-10 면역기능 개선 천연물

물질명	주요 효능	주요 성분
홍삼 (인삼)	면역활성 증대, 신체 조절 기능	Ginsenosides, 살리실산, 바닐산, 페루린산, 카페일산, 쿠마르산 등
클로렐라	체액평형, 면역력 향상, 신진대사 촉진	각종 비타민, β-glucan 등
상어간유	류머티즘성 관절염	스콸렌
게르마늄 효모	면역기능 활성	비타민 B군
표고버섯 균사체	과잉 면역 억제	β-glucan, Ergosterine 등
스피룰리나	항알레르기	엽록소, 엽산 등

체지방 감소 천연물

여분의 에너지를 지방으로 합성하는 과정을 방해하거나 체지방이 세포에서 에너지원으로 사용되도록 도움을 주는 기능을 한다. 녹차 추출물, 미역 등 복합추출물 등이 해당한다(표 2-11).

표 2-11 체지방 감소 천연물

물질명	주요 효능	주요 성분
녹차 추출물	항산화, 체지방 감소	폴리페놀, 플라보노이드, catechin 등
미역추출물	체지방 감소	각종 비타민, 나이아신 등
가르시니아캄보지아 추출물	체지방 감소	Hydroxyl citric acid

위장건강 천연물

위 소화효소 활성, 소화액 분비, 소화관 운동 기능을 향상시킨다. 장내 균총에서 유익균을 증가시키고 유해균을 억제하여 장 운동 및 배변 활동을 개선한다. 주요 원료는 감초 추출물, 알로에 젤, 목이버섯 등이 있다(표 2-12).

표 2-12 장 건강 천연물

물질명	주요 효능	주요 성분
감초 추출물	항궤양, 소염	글리시리진산, 폴리페놀 등
매실 추출물	위액 분비, 장 운동	구연산, 호박산 등
알로에 젤	세포재생 촉진, 항균	Aloin, Aloesin 등
유산균 함유물	장 기능 증진	비타민 B군 등

대사성 질환 관련 천연물

대사성 질환은 간 건강, 혈중 콜레스테롤 개선, 혈당조절 등이 해당된다. 주요 원료는 로열젤리, 영지버섯 등이 있다(표 2-13).

표 2-13 대사성 질환 관련 천연물

물질명	주요 효능	주요 성분
로열젤리	강장, 혈압조절	Decanoic acid, 10-DHA 등
키토산 함유물	콜레스테롤 저하	키틴 등
영지버섯	정혈작용, 혈압조절	에고스테롤 퍼옥사이드, 가나도마난디올 등

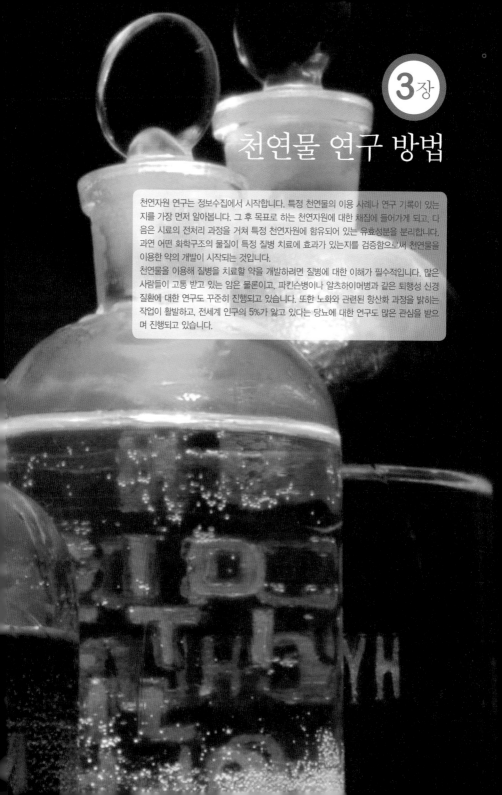

3장

천연물 연구 방법

천연자원 연구는 정보수집에서 시작합니다. 특정 천연물의 이용 사례나 연구 기록이 있는지를 가장 먼저 알아봅니다. 그 후 목표로 하는 천연자원에 대한 채집에 들어가게 되고, 다음은 시료의 전처리 과정을 거쳐 특정 천연자원에 함유되어 있는 유효성분을 분리합니다. 과연 어떤 화학구조의 물질이 특정 질병 치료에 효과가 있는지를 검증함으로써 천연물을 이용한 약의 개발이 시작되는 것입니다.

천연물을 이용해 질병을 치료할 약을 개발하려면 질병에 대한 이해가 필수적입니다. 많은 사람들이 고통 받고 있는 암은 물론이고, 파킨슨병이나 알츠하이머병과 같은 퇴행성 신경질환에 대한 연구도 꾸준히 진행되고 있습니다. 또한 노화와 관련된 항산화 과정을 밝히는 작업이 활발하고, 전세계 인구의 5%가 앓고 있다는 당뇨에 대한 연구도 많은 관심을 받으며 진행되고 있습니다.

천연물은 일차적으로는 말리고 달여서 복용하거나 즙을 내어 환부에 붙이지만 이차적 가공으로 약효가 증대되기도 합니다. 잘 알려진 것처럼 인삼(수삼)을 찌고 말리는 과정을 거쳐 홍삼으로 전환하는 방법이 개발되었고, 실제 홍삼이 수삼보다 월등한 약효를 보인다는 것이 증명되기도 했습니다. 인삼에 들어있는 사포닌 성분이 홍삼으로 전환될 때 항암 활성을 갖도록 성분적인 변화가 일어나는 것을 규명하였고, 또한 면역 효과가 더 뛰어남을 알아냈습니다. 천연물 신약 개발의 한 예입니다.

우리나라의 천연물에 대한 연구는
조선시대 이전부터 대부분 민간요법에서 상처 및 질병 치료의 목
적으로 식물 및 동물들을 이용해오다 조선 선조 때 허준의 동의보
감이 편찬되면서 체계적인 연구로 집대성되었다.

또한 오래전부터 중국에서 기원전 250년경 《신농본초경》이 편
찬되어 생약제제들을 집대성하였고, 기원전 1552년경 이집트에서
는 파피루스에 700여 종의 약품이 수록되었고, 811종의 처방기록
이 있다. 이처럼 우리 주위의 천연자원들은 각각 모두 그 쓰임새가
비슷하면서 인류에게 유용한 영향을 미쳐왔다.

천연물은 이처럼 일차적으로 말리고 달여서 복용하거나 생으로
약간의 즙을 내어 환부에 붙이는 것이지만 이차적 가공으로 약효
가 증대되는 예도 있다. 잘 알려진 것처럼 인삼(수삼)은 수확 후 일
정 기간이 지나면 모두 썩어버리는 단점이 있다. 따라서 장기간 보

존의 필요성이 있어 여러 보관법을 시도하다가 찌고 말리는 과정을 거쳐 홍삼으로 전환하는 방법을 개발하였는데 실제 홍삼은 수삼일 때보다 월등한 약효를 보인다는 것이 증명되었다. 물론 당시에는 홍삼이나 인삼 속의 사포닌과 폴리페놀이란 화학 성분적인 개념이 없었지만 근대에 들어와서 인삼에 들어있는 일부 사포닌 성분이 홍삼으로 전환될 때 항암 활성을 갖는 성분적인 변화와 함량의 변화도 일어나는 것을 발견하였고, 또한 다양한 질병 및 면역 예방 효과가 더 뛰어남을 연구하였으며 현재 다양한 건강 제품으로 개발되고 있다.

이처럼 옛날에는 지금처럼 체계적인 연구라는 개념은 없었지만 나름대로 복합처방 같은 두 가지 이상의 약재를 혼합하여 복용하는 방법을 개발하여 이용하였고, 직접적인 치료목적으로 사용하였기 때문에 질병이 일정 기간 경과한 환자들에 바로 임상적으로 사용하여 약효가 있는지 혹은 독성이 있는지 바로 알 수 있었을 것이다.

현대에 들어와서 박테리아, 사스Severe acute respiratory syndrome, SARS 및 메르스Middle East Respiratory Syndrome, MERS 같은 바이러스나, 암, 뇌 질환, 당뇨 등 수많은 질병이 발병하고 그 추세가 증가하

고 더욱 악화되고 있으며 심지어 조류, 포유류 등의 동물들에게도 심화되고 있다.

모든 질병에 대한 연구들이 오래전부터 진행되어 왔는데 약학 분야는 18세기 후반에 시작된 영국의 산업혁명 이후 과학의 발전과 함께 천연자원을 본격적으로 이용하면서 시작되었다.

천연자원 연구에 있어 첫 번째는 천연자원들에 대한 정보수집 과정부터 시작한다. 이는 어떤 천연물의 이용 사례나 연구 기록이 있는지를 알아보는 것이다. 그 후 목표로 하는 천연자원에 대한 채집에 들어가게 되고, 다음은 시료의 전처리 과정을 거쳐 특정 천연 자원에 함유되어있는 유효 성분들을 분리하게 되고, 과연 어떠한 화학구조의 물질이 특정 질병 치료에 효과가 있는지를 검증함으로써 약의 개발이 시작된다.

1 시료 채집

우리 주위를 둘러보면 산이나 들, 강, 호수, 바다를 볼 수 있다. 이런 곳에는 다양한 종류의 동식물 그리고 흙 속의 광물들이 존재하는데 대부분이 인간이나 동물들에 이롭게 하기 위한 목적으로 연구되고 있다. 질병 치료에 사용되는 약 개발의 연구는 시료에 대한 정보 수집 및 채집 과정부터 시작된다.

흔히 초등학교나 중학교 생물시간에 동물 및 식물 채집을 경험한 적이 있을 것이다. 채집을 나가기 전에는 반드시 무엇을 어느 용도로 채집할지를 선정하고 다음 채집할 대상이 어디에 있는지를 미리 파악해야 한다. 시료의 채집에서 가장 중요한 것은 허가를 받지 않은 아무 곳에서 이루어지지 않도록 하고, 특히 멸종위기종을 보호하고 살펴야 한다는 것이다. 잘 모른다면 주위에 잘 발견되지 않는 동식물이라면 자연 그대로 두는 것이 좋다. 많은 양의 천연자원이 필요하다면 판매 허가가 등록된 판매점에서 구입하여 확보하는 것이 가장 좋다.

우리가 인근 산이나 들로 시료 채집 나갈 때는 우선 근접촬영 기능이 있는 카메라와 시료를 보관하는 용도로 사용할 종이나 비닐봉지 그리고 마개가 있는 유리 혹은 플라스틱병, 매직펜, 레이블 종이, 장갑, 가위, 등산용 가방 등이 기본적으로 있어야 한다. 나머지 필요 물품들은 상황에 맞게 준비한다. 근해 바닷속의 자원들을 채집할 경우는 전문가의 도움을 받아 스쿠버 장비를 이용하여 칼이나 납작한 철제 도구를 이용하여 채집하는 것이 일반적이고, 심해일 경우에는 배 위에서 바다 밑바닥을 긁어모을 수 있는 그물 등을 이용하여 채집한다 (그림 3-1). 육상 및 바다의 천연자원 연구는

극지과학자가 들려주는 천연물 이야기

전 세계적으로 산업용 및 의약용 개발을 위하여 대부분의 동식물이 연구되고 있다. 우리나라처럼 천연자원이 부족한 국가들은 남극 및 북극에 진출하여 남극의 세종기지, 장보고기지와 북극의 다산기지를 중심으로 생태 변화 및 환경 그리고 자원 연구들을 30년 넘게 이어오고 있다.

그림 3-1

남극 바다에서 생물 자원의 채집 과정

2 시료의 전처리 및 보관

채집된 시료들은 일정 기간 보관을 해야힐 할 때가 많은네 득히 습도가 높은 여름철에는 대부분 곰팡이가 자라거나 썩어서 못 쓰는 경우가 대부분이다. 이는 시료 안의 수분 때문인데 짧게 자르거나 채집된 형태 그대로 그늘이나 건조기 안에서 수분을 제거하면 장시간 보관이 가능하다. 대표적인 예가 홍삼을 비롯하여 시중에 판매되고 있는 건조 한약재들이다. 또한 이들을 보관할 때도 습기제거제를 같이 넣어 보관하거나 통풍이 잘되는 곳에 두는 것이 좋다.

시료를 건조하기 전에 가장 먼저 해야 할 일 중 하나가 시료의 표본 만들기와 함께 그림 3-2와 같이 다양한 모습을 담은 사진을 남기는 것이다. 위에서 언급한 것처럼 접사 기능으로 세부 조직까지 촬영하여 전체 이미지를 저장하면 영구적으로 사용할 수 있다.

식물 표본 만들기

식물의 표본은 처음 채취하는 순간부터 뿌리나 줄기 등 전체가 상하지 않도록 하는 것이 중요하다. 다음으로 조그마한 식물의 경우 흰색의 종이 위에 올려놓고 다시 흰색의 종이로 덮어 위에 압력을 가한 상태로 건조한다. 건조가 끝나면 표본실이나 상자 같은 곳에 보관한다. 표본을 만들 때 표본 식물의 학명과 이름, 채집 장소

그림 3-2

식물의 여러 부위를 촬영한 사진

와 시기(년도, 월, 일), 채집한 사람의 이름을 기록한다.

식물 표본의 다른 방법은 유리병에 포르말린 액과 식물을 같이 넣어 보관하는 방법인데 장시간 보관이 어렵고 보관 중 파손의 위험성이 있어 드문 경우에만 사용한다.

시료 추출액 제조

시료의 사진 저장 및 표본 만들기가 끝나면 건조한 시료들에 대하여 절단기나 파우더용 기계 등을 이용하여 짧게 자르거나 가루 형태로 만든다.

짧게 잘린 시료를 알맞은 유리 용기나 폴리프로필렌 재질의 용기에 넣고 연구 목적에 맞게 순수한 메탄올이나 70% 에탄올 수용액 혹은 순수한 증류수 등을 사용하여 시료 속의 유기 성분들을 추출해 낸다. 참고로 폴리프로필렌 재질은 알코올에 강하여 다른 플라스틱 재질에 비하여 유해 이물질이 빠져나오지 않아 비교적 안전하게 사용할 수 있다.

추출은 여러 방법이 사용되는데 첫 번째 추출법은 그림 3-3의 왼쪽과 같이 시료를 유리 용기에 넣고 알코올을 시료 높이까지 잠기게 하고 3~4일에 걸쳐 하루에 여러 번 반복적으로 흔들어 주면서 실온(약 25°C)에서 추출하는 방법이고, 두 번째는 첫 번째와 유사한 방법으로 추출 용기 위에 냉각 장치를 연결하고 차가운 물이 돌게 한다. 그리고 용기 전체에 열을 가할 수 있는 맨틀에 약 50~70°C의 열을 가하여 추출하는 방법이다. 첫 번째 방법보다 추출물의 양을 증가시킬 수 있고 추출 시간을 단축할 수 있는 장점이 있는 반면 추출 과정 중 높은 열에 일부 성분들이 변형될 가능성이 있지만 옛날의 한약재 추출은 모두 강한 불에서 끓이는 방법을 써 왔다. 물을 사용하여 그림 3-3의 오른쪽 그림과 같이 고온에서 추출하는 경우 단당류에서 다당류까지 수산화기(-OH)를 많이 가지고 있는 물질들(예를 들어, 사포닌 성분)이 빠져나오게 되며, 알코올을 사용할 경우 분자량이 작은 향기 성분 및 수산화기를 적게 가지고 있는 물질부터 다당류까지 대부분의 물질을 추출할 수 있다. 특히 알코올을 사용하여 추출할 경우 진액이 쓴맛을 내는 경우가 많은데 이는 진액에 쓴맛을 내는 다량의 폴리페놀과 알칼로이드 등 물에 녹지 않는 성분들이 빠져나오기 때문이다.

세 번째는 첫 번째 추출법에 초음파를 이용하는 방법인데 시료의 내부에 초음파 충격을 주어 조직 내부의 벌어진 틈으로 추출 용액이 더 잘 침투하여 유효 성분들을 추출하여 내는 방법이다. 소량의 시료에는 적합하나 대용량의 추출에는 따로 제작하거나 큰 기기 장치가 필요하다.

네 번째 방법은 액체 이산화탄소를 이용하는 방법인데 초임계유체추출법Supercritical Fluid Extraction, SFE이라 하여 액화된 이산화탄소를 식물의 조직 내부에 고압으로 흘려 주게 되면 조직 내부의 방향성 휘발성분들이 추출되어 나오게 된다. 이 방법은 꽃에서 향수의 원료가 되는 성분들만을 추출해 내는데 주로 이용된다. 추가로 용도에 맞는 알코올 용매를 사용하여 고압으로 흘려 주게 되면 다른 유효 성분들이 2차로 추출된다. 다만 추출 기기가 고가이며 액화 이산화탄소를 일정 주기로 교체해야 하는 단점이 있다. 추출이 끝나면 알코올이나 물을 제거해야 하는데 공장이나 대학, 그리고 기관들의 연구실에서는 회전식 진공농축기를 사용하여 추출 용매들을 쉽게 제거한다. 이후 끈적한 농축액을 얻을 수 있다.

그림 3-3

천연물의 냉침추출법(왼쪽) 및 온침추출법(오른쪽). 실온에서 추출하는 방법을 냉침법, 50~70°C의 열을 가해 추출하는 방법을 흔히 온침법이라고 한다

3 식물의 구성 성분

위의 여러 추출법에 의하여 동식물 재료 속의 화학 성분들이 빠져 나오게 되면 대부분 진한 갈색 혹은 검은색에 가까운 끈적한 형태의 진액이 만들어진다. 진액에는 눈에 보이지 않는 다양한 화학 성분들이 존재한다.

대부분의 식물에는 광합성에 필요한 엽록소가 존재한다. 엽록소는 녹색을 나타내지만 추출되어 농축되면 진한 녹색이 되어 마치 검은색처럼 보인다. 일부를 알코올에 녹이면 다시 녹색을 나타냄을 볼 수 있다. 그림 3-4는 식물 잎의 녹색을 나타내는 엽록소의

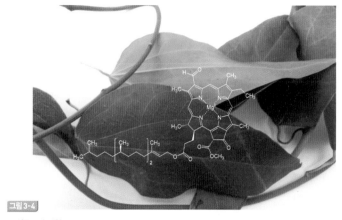

그림 3-4

엽록소의 화학 구조

화학 구조다(Kosumi 등, 2017).

　식물에는 페놀성 물질이라 불리는, 하나 또는 그 이상의 수산화기가 치환된 방향족 고리를 가진 물질이 존재한다. 페놀성 물질은 당과 결합하여 배당체로 존재하는 경우가 많아 수용성으로도 많이 존재한다. 페놀성 물질은 지금까지 1,000가지 이상이 밝혀졌으며, 페놀성 산phenolic acid 및 페닐프로파노이드phenyl propanoid 등이 많이 보고되었으며, 폴리페놀이라 하여 두 개 이상의 방향족 환으로 구성된 물질들도 많이 보고되고 있다(우원식, 2002).

　페놀류는 효소 산화반응에 민감하며, 모든 식물에 존재하는

phenolase에 의해 분리 과정 중에 소실되는 수가 많다. 그러므로 페놀성 물질을 추출할 때는 효소 산화반응을 억제하기 위하여 메탄올 혹은 에탄올로 추출하는 것이 일반적이다. 페놀류는 1% $FeCl_3$ 용액을 시료에 가할 때 녹색, 자주색, 청색 혹은 흑색으로 정색된다. 페놀류는 모두 방향족 화합물이므로 자외선 영역에서 강한 흡수가 일어나며 알칼리 존재 하에서는 흡수대가 장파장 쪽으로 이동한다.

폴리페놀성 물질에는 플라보노이드flavonoid, 리그난lignan, 쿠마린coumarin, 안토시아닌 anthocyanin, 고분자 형태의 타닌tannin 등이 포함된다(그림 3-5). 페놀성 물질들은 항균 및 항바이러스, 항산화, 항암, 항노화, 혈압 강하작용, 간 보호 작용 등 인체에 다양한 효능이 알려져 있으며, 의약품으로도 개발되고 있다. 특히 플라보노이드는 녹차 및 진피(귤껍질)에 많이 들어 있으며 이들 성분이 감기를 예방하거나 다이어트에 좋은 효능을 보인다.

페놀성 물질 중 cinnamic aldehyde는 계피Cinnamomum cassia의 주성분이며 계피 특유의 맛과 향을 낸다.

쿠마린류는 운향과, 산형과 식물에 많이 들어 있으나 콩과, 물레나물과, 국화과, 미나리아재빗과, 꿀풀과 등에서도 발견된다. 이들 중 방풍으로부터 분리된 비스나딘visnadin은 혈관확장 작용을 하며, 수란진 Bsurangin B 물질은 살충작용, 다이쿠마롤dicoumarol은

국립과학자가 들려주는 천연물 이야기

항혈액 응고작용을 하는 것으로 알려져 있다(우원식, 2002).

리그난류는 탄소 6개-탄소 3개의 단위로 이루어진 화합물을 일컫으며, 무한자루목, 도금양목, 쥐방울덩굴목, 후추목 등의 식물에서 발견된다. 리그난계 화합물 중 메이애플*Podophyllum peltatum*로부터 분리된 포도필로톡신podophyllotoxin은 항암작용을 하는 것으

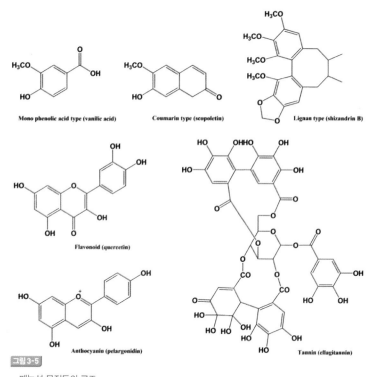

그림 3-5
페놀성 물질들의 구조

로 알려져 있고, 오미자의 주성분인 쉬잔드린schzandrin은 간을 보호하는 삭용, 단삼Salvia miltiorrhiza에서 분리된 리토스퍼믹산lithospermic acid은 피임작용, 육두구에서 분리한 마세리그난macelignan은 항산화 작용을 하는 것으로 알려져 있다(Wagner, 1980).

또한, 식물에는 테르페노이드terpenoid라 하여 아이소프렌 분자 $CH_2=C(CH_3)-CH=CH_2$가 2개 또는 그 이상 중합되어 이루어진 물질을 말하며, 탄소 10개로 이루어진 휘발성 정유 성분인 모노테르펜monoterpene, 탄소 15개로 이루어진 세스퀴테르펜sesquiterpene, 탄소 20개로 이루어진 다이테르펜diterpene, 탄소 30개로 이루어진 트라이테르펜triterpene 등이 있다(그림 3-6)(우원식, 2002).

정유 성분은 증류하여 얻은 휘발성 물질로서 식물의 독특한 향기 성분들이다. 상업적으로 천연향료 또는 식품의 방향제 및 미각제의 원료로 쓰인다. 정유 성분 중 모노테르펜은 흥분, 진정, 혈압 강하, 살충 작용을 하며, 알파피넨$α$-piene과 베타피넨$β$-pinene 같은 물질은 경보 신호를 알리는 개미의 페로몬으로 알려져 있다(우원식, 2002).

정유 성분을 풍부하게 함유하고 있는 식물에는 콩과의 Matricaria속 식물, 운향과의 Citrus속 식물, 꿀풀과의 Mentha속 식물,

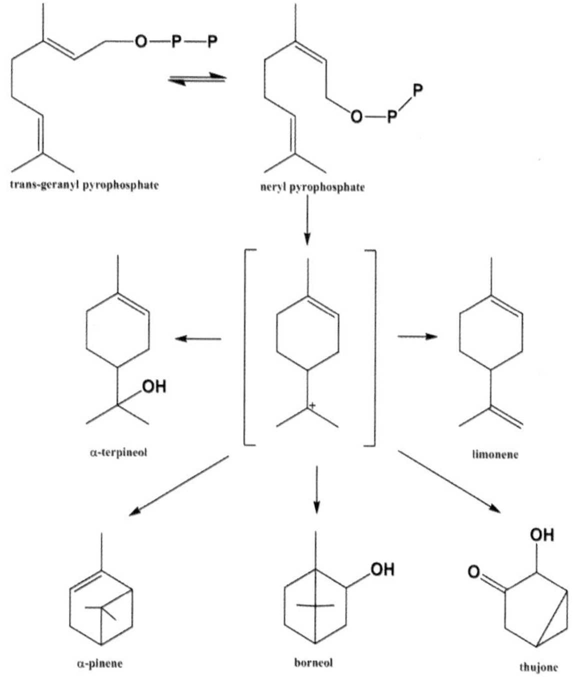

그림 3-6
테르펜의 형성 및 화학 구조

소나뭇과의 Pinus속 식물, 장미과의 Rosa속 식물이 있다.

정유 성분인 모노테르펜은 식물조직에서 석유 에터ether, 에틸아세테이트, 클로로폼 등의 유기용매로 추출하며, 이들 용매를 사용하여 실리카젤 또는 알루미나젤 칼럼으로 분리할 수 있다. 그러나 미량의 테르펜을 조사하는 데는 어려움이 있다. 이유는 식물 카로티노이드를 제외하고는 모두 무색인데, 이들을 검출하는 발색시약이 없기 때문이다. 그러므로 테르펜의 검출은 농황산을 TLC 박층에 뿌린 후 가열하는 비교적 비특이적 방법을 사용한다.

세스퀴테르펜은 기본적으로 탄소의 골격에 따라 200종의 다른 기본 골격을 갖는 것으로 알려져 있다(그림 3-7). 앱시식산abscisic acid은 초본식물의 종자와 목본식물 싹의 휴면을 조절하는 호르몬으로 알려져 있다. *Inula racemosa*에서 분리된 알란토다이엔alantodiene은 식물성장 조절작용을 하는 것으로 알려져 있다(Kasi 등, 1989).

다이테르펜은 약 50종 이상의 다른 기본 골격들을 가지며, 수지에 들어있는 아비에트산abietic acid 및 아가틱산agathic acid은 식물의 화석에서도 검출되었다(그림 3-7). 지버렐린gibberellin은 식물성장을 자극하는 호르몬이며, 비슷한 계열의 지버렐릭산gibberellic acid, GA₃이 많이 알려져 있다. 희첨*Siegesbeckia pubescens*에서 분리된 다루토사이드darutoside는 혈압 강하 역할을 하며, *Stevia rebaudiana* 잎에서 분리된 스테비오사이드stevioside는 설탕의 200배나 되는 감미성이 있는 것으로 알려져 있다(Kim 등, 1979).

트라이테르펜은 스콸렌의 링 형성 과정에 의해 만들어진다. 트라이테르펜은 Liebermann-Burchard 반응acetic anhydride-sulfuric acid solution에 의해 적색을 나타낸다(그림 3-7). 트라이테르펜에 글리코사이드가 치환된 형태를 사포닌saponin이라 하는데, 수용액은 거품이 나고, 용혈 및 어독 작용, 항염증, 피로 방지, 항암, 항균 효능이 있다고 알려져 있다(우원식, 2002). 특히 인삼, 시호, 감초, 길경, 지유 등에 많이 함유되어 있다.

당질은 식물체 내에서 가장 간단한 물질인 이산화탄소, 물과 태양광선의 반응으로부터 만들어지며, 글루코스와 같은 단당류와 비

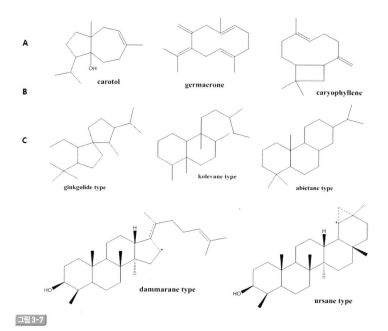

그림 3-7

테르펜의 화학 구조. (A: 세스퀴테르펜, B: 다이테르펜, C: 트라이테르펜)

숫한 당류들을 일컫는다(그림 3-8). 당질은 동식물에 널리 분포되어 있고, 내부분 식물체에 존재한다. 꽃이나 과실 등에 유리닝free sugar으로 존재하지만 대부분은 셀룰로스와 같은 골격을 형성하며, 에너지 저장 물질인 전분으로 되고, 배당체나 단백질의 일부로 전환된다. 당질은 모노사카라이드monosaccharide라 하여 단일체의 글루코스나 프럭토스 등을 일컬으며, 흔히 설탕sucrose처럼 두 개 또는 그 이상의 단당류가 결합된 것을 올리고머oligosaccharide라 부른다. 전분처럼 단당류가 축합하여 긴 사슬을 형성하는 경우를 다당류polysaccharide라 부른다(그림 3-8). 전분체의 다당류와 달리 식물 및 동물의 다당류는 여러 종류의 당으로 구성되어 있으며, 매우 복잡한 형태를 이루고 있다. 산acid이나 효소로 분해하여 각 당의 양과 분자량을 측정함으로써 그 특성을 알 수 있다. 식물과 동물에는 트레할로스trehalose라는 이당류가 많이 존재하는데 특히 수분 증발을 어제하며 체내의 세포를 보호하는 역할을 하며 선인장이나 남극과 북극에 서식하는 미생물, 미세 조류 등 생물체에 많이 존재하는 것으로 알려져 있다. 그 외에 더 복잡한 구조를 가지는 다당류들은 항암, 항바이러스, 항염증, 항응고 작용 등을 하는 것으로 알려져 있다(우원식, 2002).

우리가 흔히 알고 있는 셀룰로스와 전분은 대표적인 다당체이며, 글루코스로만 이루어진 중합체다. 다당류가 화학구조적으로

극지과학자가 들려주는 천연물 이야기

복잡한 것은 당끼리 여러 방법으로 글리코사이드 결합을 할 수 있다는 사실에 기인한다. 한쪽 당의 글리코사이드 수산기(-OH)가 다음 연결되는 당의 알코올성 수산기 중 어느 위치에 결합하느냐에 따라 다른 종류의 다당류가 형성될 것이며, 하나의 당에 여러 당이 결합하는 경우 분지 사슬을 가진 다당류가 될 것이고, 글리코사이드 수산기의 입체 배위에 따라 다른 성질의 다당류가 생성된다. 셀룰로스는 직선 구조의 단순한 중합체를 형성하지만 다른 대부분의 다당류는 곁가지를 갖는 구조를 하는 경우가 대부분이다. 이러한 가지를 갖는 다당류의 결합순서를 완전히 결정하는 것은

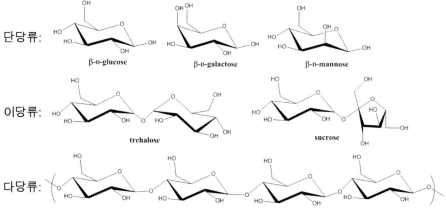

단당류: β-D-glucose β-D-galactose β-D-mannose

이당류: trehalose sucrose

다당류: 1,4-β-D-glucose bonded polymer

그림 3-8
단당, 이당 및 다당류의 구조 예

현재로는 매우 어려우나 다당류의 구조를 소당류 단위가 반복된 것이라고 표현하기도 한다. 셀룰로스는 고등식물의 세포막 주성분으로 되어 있는 다당류인데, 식물의 골격 성분으로 중요할 뿐만 아니라 의류 등 공업제품의 원료로도 많이 이용되고 있다. 식물의 목질부에 50%, 목화에서는 90% 이상을 차지하고 있다. 그림 3-8에서 보이는 다당류의 구조가 셀룰로스의 단편 구조다.

알칼로이드는 생물의 2차 대사산물로서 화합물 내에 1개 이상의 질소 원자를 함유하고 있는 고리 형태의 물질을 말한다. 알칼로이드는 인간 및 동물에 유독한 물질이 많으며, 여러 강력한 생리활성을 가지며, 특히 의약품 합성연구의 기초 자료들을 제공한다. 국내에서는 여러 식물이 유독한 알칼로이드류 천연 독성물질을 갖고 있는데, Solanine, Pyrrolizidine alkaloid, Leporine, Tomatine, Caffeine, Theobromine, Muscarine, Neurine, Amatoxin, Phallotoxin 등이 있다. 알칼로이드는 일반적으로 나자식물이나 양치류, 이끼류 같은 하등식물에는 거의 없다. 동물에서는 몇몇 종에서 알칼로이드가 보고 되고 있는데 열대지방에 서식하고 있는 독개구리*Dendrobates pumlio*의 피부에서 분리된 독성분인 pumili-oxin이 대표적이며, 강심작용이 있는 것으로 보고되었다(그림 3-9). 개미*Chelaner antarcticus*의 독액에서는 pyrrolizidine alkaloid

가 분리되었다. 포유동물에도 여러 종류의 알칼로이드가 함유되어 있는데 생체 내에서 tyramine 또는 도파민 같은 아민 화합물과 아세트알데하이드 같은 카보닐 화합물이 비효소적 반응으로 생산된다고 추정하고 있다. 실제 L-DOPA를 장기간 투여하거나 알코올을 대량 섭취하면 salsolinol의 생성이 증가한다(Daly, 1982).

스테로이드계 알칼로이드인 감자의 α-solanine과 α-chaconine은 강한 콜린에스터레이즈cholinesterase 저해작용이 있어 용혈작용 및 운동 중추 마비 작용이 있다. 끓이거나 굽거나 전자레인지 가열로는 감소하지 않으나 높은 온도로 튀기는 요리에서는 다소 감소하기도 한다. 사람의 중독증상으로는 구토, 두통, 혀의 경직, 언어장애, 안면창백, 시력장애, 환각 등의 증상이 있으며 감자의 싹이 난 녹색 부분과 껍질을 벗겨내고 섭취하면 예방할 수 있다.

청산배당체cyanogenic glycoside는 산이나 천연의 효소에 의해 사이안화 수소산(HCN)을 생성하는 식물 유래의 화합물을 총칭한다. 조직이 파열되었을 때 HCN을 생성하는 식물은 약 2000여 종이 있는데 주로 장미과, 콩과, 볏과 식물에 많다(우원식, 2002).

청산배당체는 식물조직 중 특정조직에 집중되어 있는데 아몬드, 사과, 살구, 체리, 복숭아, 배, 오얏씨에는 방향족 hydroxynitrile의 배당체인 아미그달린amygdalin이 함유되어 있다. 또한, 아미그달린은 설익은 과일류에도 많이 함유되어 있어 설사 및 복통을 유발한

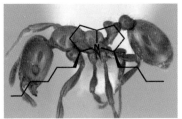

그림 3-9

열대지방 독개구리(왼쪽)와 개미의 알칼로이드

다. 그 외에 Cyanide독은 주로 호흡기 작용을 저해하여 강력한 세
포호흡 독성에 의해 치명적인 급성중독의 원인이 된다.

알칼로이드는 화학구조가 매우 다양하고 수가 많기 때문에 식물
추출물에서 크로마토그래피를 이용한 단순 분리작업으로는 확인
할 수 없다(그림 3-10). 알칼로이드는 용해도나 기타 성질이 서로
다르기 때문에 일반적인 검색과정으로는 확인이 어렵다. 알칼로이
드는 염기성이기 때문에 식물의 추출물을 약산성(염산 1%) 알코올
로 추출한 후 암모니아수로 침전시킨다. 이후 알칼로이드 확인시
약으로 이들의 존재를 확인한다.

지방산은 글리세롤과 에스터화되어 지질형태로 식물 중에 존재
한다. 고등식물의 잎에는 건조중량의 약 7%까지 지질이 함유되어
있다. 지질은 엽록체나 미토콘드리아의 중요한 막 구성인자로서

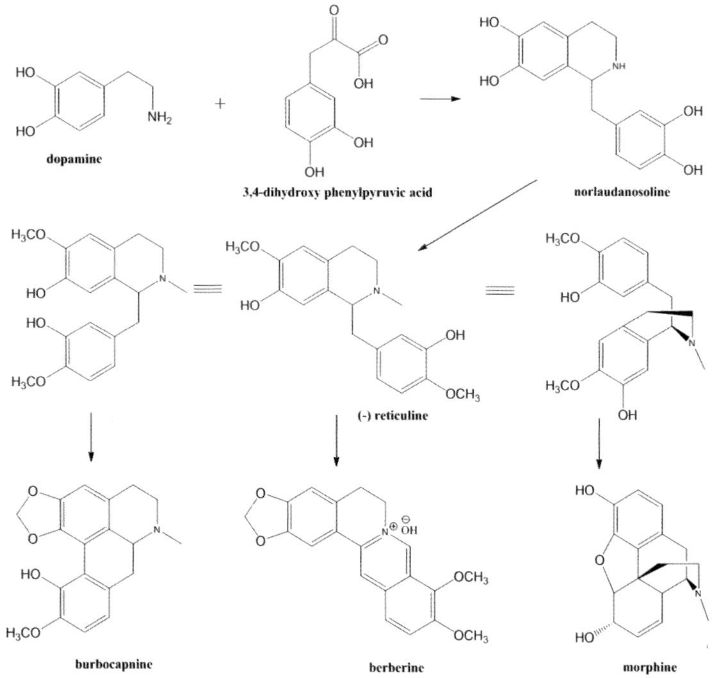

그림 3-10

도파민에서 유래되는 알칼로이드

종자나 과실에 많은 양이 존재하며, 발아할 때 에너지를 제공한다. 올리브, 야자, 카카오, 땅콩, 옥수수, 콩 같은 식물 종자 기름은 식용 유 또는 페인트 산업이나 비누 제조에 사용된다.

4 이차 대사산물의 분리

지금까지 추출방법 및 대표적인 화학성분들에 대하여 설명하였으며, 각각의 성분들에 대하여 분리하는 방법 및 기구에 대하여 알아볼 것이다.

추출물에 대한 분획 과정

추출은 흔히 알코올을 사용하는데 추출한 후 추출 농축액에는 대부분의 화학성분이 혼합되어 있다. 연구실에서 흔히 사용하는 유기용매의 특성은 아래와 같다.

①노말-헥세인n-Hexane: 비극성의 유기용매로 지방, 정유 성분, 단순 페놀성 물질, 엽록소 등이 추출된다.

②에틸 아세테이트Ethyl acetate: 노말-헥세인 용매에 비교적 불용성인 알칼로이드, 페놀성 물질, 배당체 수지 식물 색소, 타닌 등이 추출된다.

③알코올: 사포닌, 당, 배당체, 유기산, 타닌, 알칼로이드 등이 추출된다.

④물: 당, 배당체, 사포닌, 타닌, 단백질 등이 추출된다.

추출 농축액을 물에 최대한 녹인 후 노말-헥세인 용매를 첨가한

후 분획깔때기에서 수차례 흔들어 주면 물과 헥세인의 성질의 차이에 의하여 상층부에는 헥세인 용액이 하부에는 물 층으로 나누어진다. ①번에 설명한 것처럼 상층부의 헥세인 용액에 비교적 휘발성이 큰 정유성분과 지방, 엽록소 등이 혼합되어 분리된다. 그다음 다시 물에 녹아 있는 추출물에 에틸 아세테이트를 첨가하고 위의 과정을 반복하면 분획깔때기 상층부의 에틸아세테이트 용액에 1개 이상의 하이드록시기를 가지고 있는 페놀성 물질(폴리페놀 포함) 및 알칼로이드, 배당체, 식물 색소 등이 혼합되어 이차적으로 분리된다. 다음으로 알코올, 특히 뷰탄올n-butanol은 물에 잘 녹지 않는 성질이 있어 물에는 녹지 않고 알코올에만 녹는 물질들을 추출하는 데 사용한다. 그림 3-11에서 추출 후 각각의 유기용매에 의한 분획 과정을 설명하고 있다.

단일 화합물의 분리

식물 및 동물체 내에 화학 성분들이 혼합된 상태로 있을 때는 각각의 성분에 대한 약효나 특성을 알 수 없기 때문에 추출 및 분획 과정이 끝나면 각 분획에 대하여 단일 화합물 분리에 들어간다.

크로마토그래피chromatography는 추출물에서 단일물질을 분리하는데 흔히 사용된다. 크로마토그래피라는 말은 그리스어의 chrom(색깔)과 graphein(기록)에서 시작되었다. 크로마토그래피는 1850년경 룽게가 염료를 구성하는 물질들을 종이에서 몇 가지 단일 염료를 처음 분리하였고, 1903년에 러시아 식물학자 미하일 츠벳1872~1919은 유리관 내에 탄산칼슘을 채우고 용도에 맞는 유기용매를 흘려 식물 색소를 분리하였다.

원리는 고정상으로 실리카젤silica gel이라 하여 규소와 산소로 구성되어 있으며, 제습용으로 널리 쓰이고 있지만 일부 화학물질을 흡착하거나 배출하는 성질을 가지고 있다. 그림 3-12에서처럼 긴

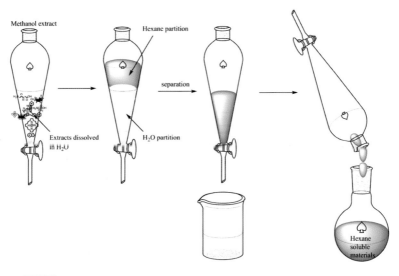

그림 3-11
추출물의 분획 과정

유리관(a)에 고정상으로 실리카젤을 채우고(b), 그 위에 추출물을
도포한다(b). 추출물이 실리카젤에 스며든 후, 적절한 유기용매들
(이동상이라 함)을 혼합하여 흘려주면 중력에 의하여 용매가 유리
관의 아래로 흘러 나온다(c). 이때 실리카젤의 흡착성과 혼합물의
유기용매에 대한 용해도에 따라 각각의 단일 화학성분이 시간차를
두고 분리된다(c와 d). 크로마토그래피 과정은 그림 3-12와 같다.

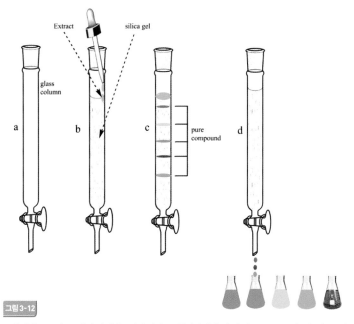

그림3-12

유리관 크로마토그래피 과정. (a: 빈 유리관, b: 실리카젤 충진 및 시료 도포, c: 시료 분리, d: 각
각의 화합물로 분리)

현재 전세계적으로 대부분의 학교 및 연구소, 산업체에서 이 분리 방법을 일차적으로 사용하고 있다.

다른 하나의 분리법은 고속액체 크로마토그래피High-performance Liquid Chromatography, HPLC라 하여 기계를 이용하는 방법이다.

미량의 화합물까지 분리해 내는 방법으로 용매를 고압으로 흘려 주는 역할을 하는 펌프와 화합물이 가지고 있는 각각의 고유 파장을 검출할 수 있는 검출기 부분, 검출기를 통하여 육안으로 볼 수 있는 컴퓨터 및 모니터 부분, 그리고 고압에도 견딜 수 있는 스테인리스 재질의 칼럼으로 구성되어 있다(그림 3-13). 화합물의 검출 및 분리 성능이 매우 뛰어나 현재 대부분의 연구소나 대학교 그리고 공장에서 필수적으로 사용하고 있는 기기다. 시료 주입구에 시료를 넣으면 펌프의 압력에 의해 스테인리스 칼럼으로 밀려간다. 이곳에서 다양한 물질들이 분리되는데 분리된 물질들은 검출기를 통과하면서 컴퓨터 모니터에서 확인할 수 있다.

추출물을 HPLC 기기를 이용하여 분리하였을 때 그림 3-13과 같이 컴퓨터 모니터(C)에서 실제 각각의 화합물들이 분리되어 나오는 것을 보여준다. 시그널은 각각의 단일 화합물들을 의미하며, 실제로 각 시그널이 모니터에서 표시될 때 유리병에 각각을 담으면 그림처럼 흰색, 갈색, 노란색 혹은 빨강, 파란색으로 화합물들이

극지과학자가 들려주는 천연물 이야기

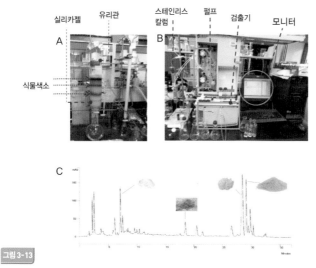

그림 3-13

실리카젤 칼럼 및 HPLC 기기를 이용한 화합물의 분리. A: 유리관을 이용한 분리 방법, B: HPLC를 이용한 방법, C: 모니터에 보이는 물질 패턴

가지고 있는 고유의 색으로 분리할 수 있다.

5 화합물의 구조분석

화합물들이 그림 3-13에서처럼 각각의 단일 물질로 분리되면 그 물질이 화학적으로 어떤 구조인지를 밝혀야 한다. 이 과정을 화학구조 분석이라 한다.

화학구조 분석에는 다양한 방법이 있지만 여기에서는 가장 보편적으로 쓰이는 다섯 가지 방법을 소개한다.

첫 번째 방법은 자외선 분광법이다. 대부분의 유기화합물과 작용기는 자외선과 가시선 영역인 190nm에서 800nm 사이의 전자기 스펙트럼 영역의 일부를 투과시킨다. 이 파장 범위에서 흡수 분광학의 용도는 제한적이다. 그러나 어떤 경우에는 이 영역의 스펙트럼에서 화합물에 대한 유용한 정보를 얻을 수 있다. 특히 식물 엽록소, 카로티노이드, 플라보노이드는 화학구조에서 탄소와 탄소 간의 이중결합이 이들의 화합물(폴리페놀성 화합물)에 많이 분포되어 있어서 400~500nm의 자외선 영역을 흡수하며, 육안으로도 관찰 가능하다. 현재 대부분 기관 및 학교 등에서 연구용으로 사용되고 있다. 그림 3-14에서처럼 물질 고유의 자외선 흡수 파장을 보여 준다(우원식, 2002).

두 번째로는 적외선 분광법이다. 2.5~1.5μm 범위의 전자파를 근적외선이라고 하며, 이 영역의 흡수는 분자를 구성하고 있는 원자들의 진동에너지에 기인한다. 적외선은 파장으로 표시하기도 하나 파수로 표시한다. 다시 말하여 근적외선은 4000~667cm^{-1}의 파수에 해당한다. 여러 원자단 중에 물이나 알코올이 가지고 있는 수산화기(-OH)는 약 3200~3600cm^{-1}, 식초의 주성분으로 알려져

극지과학자가 들려주는 천연물 이야기

있는 아세트산에 있는 카복실기(-COOH)는 약 2400cm⁻¹에서 시작하여 3400cm⁻¹까지 넓은 흡수띠를 보이는 특징이 있고, 케톤기(C=O)는 1800~1650cm⁻¹에서 나타난다. 따라서 적외선 분광법은 화합물의 구조를 분석하는데 여러 원자단의 정보를 얻을 수 있다. 그림 3-14의 FT-IR 스펙트럼에서 각각의 봉우리peak는 주요 원자단을 나타낸다(우원식, 2002).

세 번째 방법은 질량분석법mass spectrometry, MS 이다. 인간을 포함하여 모든 사물은 자신 고유의 무게, 즉 질량을 가지고 있다. 이들을 이루고 있는 원자들이 특유의 질량을 가지고 있기 때문이다. 참고로 화학책의 주기율표를 보면 모든 원자의 질량이 표시되어 있다. 질량 분석기는 분자를 고에너지 전자빔으로 폭파하여 일부 분자를 이온으로 만든다. 이 이온은 전기장치에서 가속되고 전기장 또는 자기장 내에서 질량 대 전하의 비율에 따라 분리된다. 마지막으로 특정한 질량 대 전하 비율을 가진 이온은 그 이온이 부딪치는 수를 셀 수 있는 장치에 의하여 검출된다. 검출기에서의 측정 결과는 증폭되어 기록계로 들어간다. 기록계에서 측정되는 것이 질량스펙트럼이며, 이것은 질량 대 전하 비율에 따라 검출된 입자의 수에 대한 그래프다. 그림 3-14의 오른쪽이 측정 후의 스펙트럼이며 물질 고유의 분자량을 표시하여 준다(우원식, 2002).

네 번째로 핵자기공명 분광법Nuclear Magnetic Resonance, NMR이다. 화학구조를 결정할 때 필수적이며, 가장 광범위하게 사용된다.

① ¹H NMR 기법: 화합물의 탄소, 산소 혹은 질소 등에 연결된 수소의 정보를 알려 주는 실험법이다. 모든 유기물은 기본적으로 주로 탄소와 산소 질소로 구성되어 있다. 간혹 황(S)이나 염소 (Cl) 등의 원소들도 구성된 경우도 있다. 그러나 수소는 이들을 구성하는 가장 기본적인 원소로서 화학구조를 판별하는 데 매우 중요하다.

② ¹³C NMR 기법: 이 방법은 화합물의 주요 골격이라 할 수 있는 탄소의 성격을 알려주는 기법이다. ¹H NMR에서도 그렇듯이 ¹³C NMR 에서도 모든 수소와 탄소가 각기 다른 형태의 결합을 하고 있기 때문이다. 즉, 분자 내에 존재할 수 있는 탄소 원자의 유형(메틸, 메틸렌, 방향족성, 카보닐 등)을 알기 위해 사용한다.

①과 ②번의 해석 방법을 동시에 사용하여 화합물의 구조를 밝힌다.

③ 위의 방법들 외에 복잡하고 입체 구조를 갖는 화합물일 경우 화합물 내의 수소 배열 형태를 알려주는 COSYCorrelation spectros-copy NMR 기법이 있고, 특정 수소와 탄소의 결합 거리에 따른 구조를 나타내어주는 HMBCHeteronuclear Multiple-Bond Correlation Spectroscopy NMR 기법과 탄소에 바로 연결되어 있는 수소의 정보

극지과학자가 들려주는 천연물 이야기

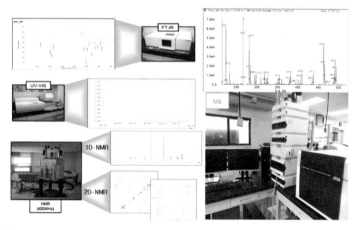

그림 3-14

화학 구조를 결정하는데 사용되는 기기들 및 스펙트럼

를 알려주는 HSQC^{Heteronuclear Single-Quantum Correlation} Spectroscopy NMR 기법 및 수소 간의 배열 및 거리를 측정함으로써 입체구조를 해석할 수 있는 NOESY^{Nuclear Overhauser Effect} Spectroscopy 기법들을 사용하여 전체적인 구조를 알 수 있다. NMR 기기 및 각각의 실험으로 얻은 데이터의 형태는 그림 3-14와 같다.

그 외에 구조를 알 수 있는 방법은 엑스선 결정학이 있는데 사람이나 동물 혹은 자연의 풍경 사진을 찍는 원리와 같다(그림 3-15). 1953년 왓슨^{1928~} 과 크릭^{1916~2004}은 무기물이나 유기물 혹은 단백질을 결정체로 만들어 결정체에 X-선을 통과시킨 후 X-선 회절을 이용하여 그 이미지가 기록되게 하는 방법을 사용하였다. 여기서 회절回折, diffraction 현상이란 물리학에서 파동의 전파가 장애물 때문에 일부가 차단되었을 때 장애물의 그림자 부분까지도 파동이 전파하는 현상을 말한다. 1964년 영국의 호지킨1910~1994은 X-선 기술을 이용하여 콜레스테롤 및 비타민 B12, 페니실린의 구조를 처음으로 밝혀내 노벨상을 수상하였다. 이 기술의 단점은 얻어진 화합물이 소금처럼 결정체 형태를 가지고 있어야 구조 결정이 가능하다는 것이다.

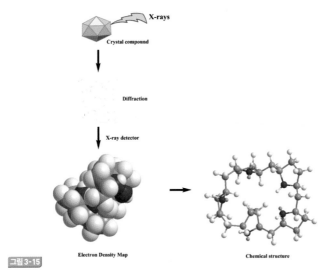

그림 3-15
X-ray 회절 분석법을 이용한 화학구조 결정

극지과학자가 들려주는 천연물 이야기

6 질병의 이해

① 항산화

산소는 살아있는 유기체의 대사에 필수불가결한 물질이며 특히 활동에너지를 획득하기 위해 산소가 이용된다. 그러나 산소는 양날의 칼처럼 유익하지만 인체에 유해한 작용을 한다. 산소는 반응성이 높은 원자로 자유 라디칼이 될 때 잠정적으로 유해작용을 한다. 특히 산소가 활성산소로 전환되면 생체세포를 공격하여 지질과 단백질, 핵산DNA, RNA을 파괴하고, 여러 효소의 기능을 저해하여 암과 같은 질병을 초래한다. 자유 라디칼로 작용하는 활성산소는 체내 산소 대사 과정의 부산물이다. 즉 세포 내 미토콘드리아에서 일어나는 전자전달계 과정에 ATP와 유해산소인 활성산소가 만들어져 세포에 유해작용을 야기한다. 활성산소이 종류로는 슈피옥사이드 라디칼O_2^-, 과산화수소H_2O_2, 하이드록시 라디칼, 싱글렛 산소 O_2 등이 있다(그림 3-16). 활성산소는 20세기 중반 미국의 과학자 레베카 거쉬맨$1903~1986$ 등이 활성산소의 유해성을 주장한 이후 수십 년 동안 암, 당뇨병, 파킨슨병 등 각종 질병의 유발원이며 노화를 촉진하는 요인 중의 하나로 인식되었다. 활성산소를 없애야 건강해진다는 것이 상식처럼 받아들여지고 있고, 활성산소 제거에 도움이 된다는 이유로 비타민, 미네랄 등 항산화 영양소를 섭취하는 사람도 많다. 하지만 활성산소가 무조건 나쁜 것은 아니며, 과도한 항산화 영양소 섭취가 오히려 건강을 해칠 수도 있다는 주장이 최근 제기되고 있다(Cho, 2016). 그러나 적절한 체내 활성산소는 세포의 성장·분화를 돕고 바이러스의 공격으로부터 세포를 지키는 역할을 수행하므로 적정 수준 이하의 활성산소는 인체 내 기능을 저해할 수 있다. 하이드록시 라디칼은 수산화 이온$^{OH^-}$의 중성 상태로 쉽게 반응성을 나타내는데, 세포 대사에서 산소 분자의 일련의 전자 환원에 의해 형성된 반응활성종reactive oxygen species, ROS의 반응적 생산물이다(Palheta 등, 2017).

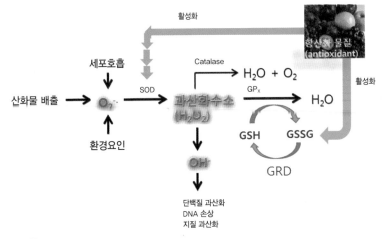

그림 3-16

인체의 산화 및 항산화 물질에 의한 억제 과정

극지과학자가 들려주는 천연물 이야기

② 암

암이란 우리 인체의 정상세포가 외부의 공기오염이나 자동차 배기가스, 미세먼지, 오존 등의 환경적 요인이나 술과 담배 같은 잘못된 습관, 약물 남용, 운동부족, 영양 과다섭취 등 수많은 원인에 의하여 악성종양(비정상적으로 성장하는 세포) 세포로 돌연변이를 일으키는 과정을 말한다(그림 3-17).

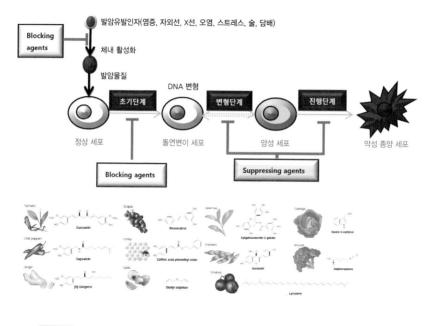

그림 3-17

암의 원인 및 발생

그림 3-17에서처럼 정상세포는 여러 발암 물질에 의하여 세포의 DNA에서 돌연변이를 일으키게 되는데 계속 발암물질에 노출이 될 경우 돌연변이 세포는 양성의 암세포나 혹은 바로 악성의 종양 세포로 변형된다. 양성의 암세포로 변형된다면 관리를 통해 악성으로 변질되는 것을 막을 수 있으나 후에 악성으로 변형될 가능성도 있다. 위의 발암 과정을 막는 최선의 방법은 생활 습관을 바꾸는 등 발암 원인 인자들을 최소한 억제하는 것이며, 우리가 일상에서 섭취하는 음식에서 찾을 수도 있다. 예를 들면 포도 속의 레스베라트롤, 고추 속의 캡사이신, 마늘 속의 황화합물diallyl disulfide, 녹차나 식물 속의 폴리페놀류, 토마토의 리코펜 등 수많은 채소나 과일, 약재들이 있으며, 매일 골고루 섭취하는 것이 장기적으로 암을 예방(그림 3-17의 blocking agents 혹은 suppressing agents)할 수 있다.

암 치료는 외과적 수술, 방사선 치료, 화학요법, 생물요법 등으로 이루어지나, 암의 재발 및 전이의 방지를 위해 화학 요법제가 기본적으로 병용 치료된다. 항암 화학요법은 약물, 즉 항암제를 사용하여 암을 치료하는 것으로, 항암제가 혈류를 따라 온몸을 돌면서 전신에 퍼져있는 암세포를 죽이기 때문에 전신치료라 한다. 이들 항암제는 대부분 세포 내 DNA의 복제, 전사 및 번역을 차단하거나

극지과학자가 들려주는 천연물 이야기

세포 생존에 필수적인 단백질의 작용을 방해하여 그 효과를 나타
낸다. 따라서 증식을 위해 지속적인 DNA 복제가 일어나는 종양세
포에 현저한 영향을 나타내고, 결과적으로 종양의 성장이 억제되
는 것이다. 그러나 이러한 효과는 암세포뿐 아니라 정상세포에도
동일한 효과가 작용하여 구토, 탈모, 설사, 면역력 저하 등의 부작
용이 발생한다. 또한 암세포의 항암제에 대한 내성의 출현으로 암
세포의 완전소멸에 심각한 문제를 발생시킨다. 또한 일단 내성이
발현되면 동일 기전의 항암제에 대해서도 내성을 가지게 되므로,
작용기전이 다른 항암제를 같이 투여함으로써 치료 효과를 높이는
동시에 내성을 유발하지 않도록 하는 것이 항암제 치료의 기본이
다. 따라서, 부작용이 없으면서 항암 효과가 탁월한 항암제의 개발
이 시급한 실정이고, 이를 위해 천연물 유래의 항암 물질에 대한
연구가 활발히 진행되고 있다. 천연물 신약이란 자연계에 존재하
는 동물, 식물 및 미생물과 그 대사산물을 원료로 하여 제작된 신
약을 의미하는 것으로, 대부분 고전적으로 사용되고 있는 생약이
나 식품으로부터 얻으므로 유효성과 안전성이 입증되어 있다. 또
한 이미 확보된 데이터베이스가 풍부해 합성신약보다 개발 기간이
짧고 비용을 단축할 수 있다. 이런 이유로 최근 천연물에서 신약을
개발하기 위한 연구가 지속되고 있고, 암, 감염, 대사질환, 아토피
등의 치료를 위해 사용되고 있다(Hassanpour & Dehghani,

2017). 그림 3-18의 A는 정상적인 세포의 분화 및 사멸과정이며, B는 돌연변이에 의한 정상세포의 암세포로의 변이, C는 암세포의 증식 과정을 보여준다.

③ 퇴행성 신경질환

신경계의 퇴행성질환 또는 퇴행성 신경질환Neurodegenerative disease는 현재까지 모두 밝혀 지지는 않았지만 여러 원인에 의해서 뇌와 척수의 특정 뇌세포 군이 서서히 그 기능을 잃고 그 수가 감소하는 질환을 말한다. 신경세포의 기능이 저하되거나 또는 소실되면 우리 몸의 운동조절능력, 인지기능, 지각기능, 감각기능 등 우리가 느낄 수 있는 몸의 모든 기능뿐 아니라 우리가 지각하지 못하지만, 자율신경 기능을 포함한 매우 다양한 기능의 이상을 보이게 된다. 이러한 퇴행성 신경질환은 침범되는 뇌 부위와 나타나는 주요 증상에 따라 구분되며 대표적인 질환으로는 알츠하이머병, 파킨슨병, 전두측두치매frontotemporal dementia; FTD, 루이치매 dementia with Lewy bodies; DLB, 근육위축가쪽경화증amyotrophic lateral sclerosis; ALS, 루게릭병, 피질기저퇴행증corticobasal degeneration, 다계 통위축병multiple system atrophy; MSA, 진행성핵상마비progressive supranuclear palsy; PSP, 헌팅턴병 등이 있다. 퇴행성 질환에 대한 발생 기전은 대부분 명확하게 규명되지는 않았으나 최근 활성산소

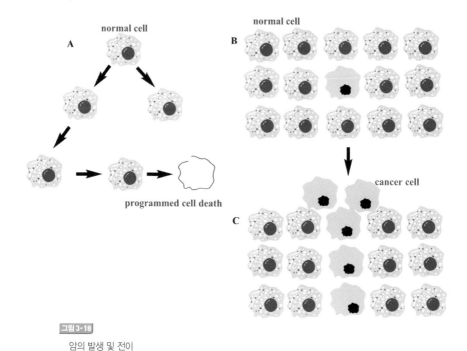

그림 3-18

암의 발생 및 전이

및 자유 라디칼에 의한 손상, 미토콘드리아 기능장애에 의한 에너
지 장애, 신경세포 축삭의 운반 기능장애, 신경염증기전, 뇌신경세
포 자멸사, 세포 내 응집체의 축적, 단백질 응집체에 의한 세포 독
성, 이상단백질 처리 시스템의 이상 등이 원인으로 작용할 수 있다
고 발표된 바 있다(Wenk, 2003). 그림 3-19는 활성산소 및 염증
등 여러 원인으로 뇌신경세포가 손상되어 알츠하이머병으로 진행

되는 과정이다.

④ 당뇨

당뇨병은 세계적으로 약 5%의 인구가 앓고 있는 대사질환이며, 그 중 5~10%는 췌장 베타세포의 자가면역에 의한 파괴로 발병되는 제1형 당뇨환자다. 당뇨 환자의 90~95%는 인슐린저항성과 인슐린 분비 부족의 특성을 가지는 제2형 당뇨 환자이며 과체중 또는 비만을 동반하는 경향이 있다. 성인 당뇨라고 알려진 제2형 당뇨는 인슐린 저항성과 내당능장애impaired glucose tolerance가 생기고 결국 이들의 이상 증상을 보상할 만큼의 췌장 베타세포에서의

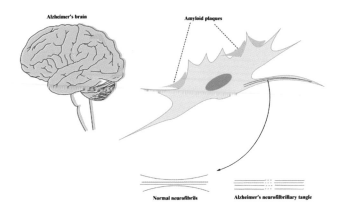

그림 3-19
뇌세포에서의 알츠하이머

인슐린 분비가 되지 않을 때 제2형 당뇨로 발전하게 된다. 인슐린 저항성과 제2형 당뇨 환자에서 높은 농도의 염증성 사이토카인이 확인되고 있으며 이들이 합병증 발병률 증가에 기여하며, 인슐린 분비의 양도 감소시키는 악순환의 고리에 기여하는 것으로 확인되고 있다. 또한 비만은 인슐린저항, 고혈압, 지질대사 이상 등을 포함하는 대사증후군을 나타내며 제2형 당뇨, 심혈관 질환, 암 및 호흡 기계 질환 등의 합병증 유발의 위험성을 높이는 것으로 알려져 왔으며, 인슐린 저항성 및 당뇨와 전신의 저준위 만성적 염증 상태와의 연관성을 보여주고 있으며, 혈액에서 염증 마커들의 농도 증가와 관련이 있는 것으로 알려져 있다. 그 예로, 비만도와 공복기 혈장의 interleukin-6(IL-6) 농도의 직접적인 연관성이 밝혀졌으며 또 다른 연구들에서도 IL-6와 tumor necrosis factor(TNF)-α가 비만과 연관되어 있음을 보여주었다. 같은 경향으로, 제2형 당뇨, 고혈압, 동맥경화증 등의 비만 합병증들도 혈액의 염증성 사이토카인 농도의 증가와 관련이 있음이 알려졌다. 한편, 지방조직은 단순한 에너지 저장고로의 역할 뿐만 아니라 체중조절과 대사작용에 중요한 역할을 하는 많은 신호물질을 분비하는 조직으로 알려져 왔다. 기존의 지방조직에 대한 많은 연구는 지방에 대한 인식을 변화시켰는데, 대사작용이 왕성한 조직으로써 일종의 내분비기관으로 작용하여 음식섭취, 에너지 소모와 대사작용 및 면역기능을 조절하는 분자 등 다양한 신호분자를 합성, 분비하는 기관으로 확인되었다. 지방조직에서의 TNF-α, IL-6, IL-1, macrophage migration inhibitory factor(MIF), monocyte chemoattractant protein-1(MCP-1)과 macrophage inflammatory protein(MIP)-1 등 여러 염증성 사이토카인의 분비 증가는 인슐린 민감성을 감소시키고 당뇨를 유발하는 것으로 알려져 있고, 이들 사이토카인은 adipokine으로도 불리며, 이들의 이상 발현이 전신의 저준위 염증 상태를 동반하며 결국 합병증 발병의 주요 요인으로 작용한다. Streptozotocin[STZ]는 glucose transporter 2[GLUT2]를 통해 인슐린 분비세포인 췌장 베타세포 안으로 유입되어 DNA 손상과 세포독성을 나타내며 쥐 또는 생쥐의 복강에 주사하여 제1형 당뇨 동물모델 유도에 사용되어왔다. 또한 STZ를 고지방식이로 키운 쥐나 생쥐에 주사하여 제2형 당뇨 동물모델 개발에도 사용되어왔다. 고지방식이로 키운 동물은 인슐린저항성을 나타내며 이런 동물에 STZ를 주사하면 췌장 베타세포의 파괴로 인슐린 분비의 결핍이 생기므로 이 두 가지 증상의 조합이 결국 제2형 당뇨의 특성을 나타낸다고 알려졌다(WHO, 2013).

그림 3-20에서 A는 췌장에서 정상적으로 인슐린이 분비되고 세포의 수용체와 결합 후 적당량의 포도당으로 배출되는 과정이고, B는 제1형 당뇨로서 췌장에서 인슐린이 분비되지 않고 세포에서

과량의 포도당이 만들어진 후 배출된다. C는 제2형 당뇨로 췌장에서 인슐린이 정상적으로 분비되나 세포의 수용체와 결합하지 못하고 과량의 포도당이 배출되어 당뇨병으로 진행되는 과정이다.

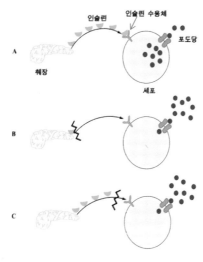

그림 3-20

당뇨의 원인 및 종류

7 극한을 이겨낸 생물들

인류는 자연에서 얻은 정보로부터 질병들과 싸워오고 있으며, 지금까지 많은 질병 치료제들이 개발되고 있다. 하지만 암이나 당뇨, 치매 등 아직 인류가 정복하지 못한 질병들이 더 많은 실정이다. 전 세계의 연구자들이 바닷속을 포함하여 지구의 모든 곳에서 자원들을 찾아 나서고 이를 토대로 새로운 의약품들의 합성 연구들이 진행되어 오고 있다. 하지만 극지는 최근에야 문을 열어 연구자들을 기다리고 있다.

현재 우리나라를 포함한 전세계 국가가 남극과 북극에 들어가 척박한 환경에서 서식하는 동식물 자원에 대해 연구하고 있다(그림 3-21).

남극의 육상 생물

남극 육지의 대부분은 연중 두꺼운 얼음을 뒤덮여 있으며, 대륙 또는 주변 도서의 해안가의 2% 정도만이 여름에 땅으로 노출된다. 강하고 건조한 바람, 수분과 영양분의 불규칙한 변동, 잦은 폭설과 서리, 토양의 결빙과 해빙 등의 극한 환경은 생물이 살아가기에는 매우 부적합한 환경이다. 따라서 일부 곤충류를 제외한 육상동물은 거의 찾아볼 수 없으나, 여름에 지표면이 노출되는 해안가에 형성되는 식물상은 비교적 다양하고 풍부하다. 지구상의 모든 대륙 가운데 남극대륙의 식생만이 대부분 은화식물상*으로 구성된다.

---

* 꽃이 없으며 포자로 번식하는 식물들

남극 세종기지 주변

현재 남극의 육상식물은 지의류 350종, 선류 85종, 균류 21종, 태류 25종, 피자식물 2종과 아울러 많은 조류algae들을 포함한다. 이 가운데, 가장 특이한 것은 남극반도 주변 지역에 출현하는 2종의 피자식물이다. 이들은 꽃을 피워 종자로 번식을 하기 때문에 현화식물의 범주에 속하는데, 남극대륙의 자생 식물이 아닐 것으로 생각된다(http://www.kopri.re.kr/www/environment/antarctic/terrestrials_overview/terrestrials_guide/terrestrials_guide.cms).

1). 남극 지의류

지의류는 미생물(곰팡이)과 조류의 복합체로 서로 공동체를 형성하여 살아가는 공생 생물이다(그림 3-22). 균사(자낭균, 담자균,

불완전 균류)가 조류(녹조류, 남조류)를 감싸고 있으며, 특히 곰팡이에 의해 가 종의 특징이 결정된다. 조류는 광합성에 의하여 혼자 생활할 수 있지만 곰팡이는 독립적으로 살지 못하기 때문에 조류의 광합성 영양체를 곰팡이가 이용하고, 곰팡이는 균사로 물을 흡수하여 조류에게 공급하며 극한 환경에서도 조류를 보호하는 상생 관계를 형성한다. 지의류는 고산지대, 극지방, 나무껍질, 바위, 토양 등에 서식하며, 바위에 붙어 화학물질을 배출하여 암석을 분해하고, 다른 선태류의 터전을 제공하는 토양 형성에 중요한 역할을 한다. 또한 성장 속도가 매우 느린 것으로 알려져 있다.

지의류의 형태는 공생관계를 형성하는 조류보다 미생물(곰팡이)의 유전자 정보에 의하여 결정된다. 따라서 지의류의 학명은 공생 미생물의 학명과 일치한다. 지의류의 동정 및 분류는 형태적 특성을 기준으로 하며, 지의류의 생장 형에 따라 여러 개의 그룹으로 분류하고 각각의 그룹 내에서 지의체의 특이한 형태적 특징이나 색깔 등을 이용하여 과family나 속genus까지 분류하고 각각의 수준에서는 형태적 특징, 포자 특징, 지의체의 정색반응과 함유하는 화학물질의 종류에 따라 다시 여러 종으로 세분된다(Toby 등, 2016).

2). 지의류의 연구

2-1). 지의체의 형태 연구

지의류의 내부 조직은 현미경을 통하여 지의체의 색, 가근(헛뿌리)의 형태, 수층의 색, soredia, isidia, lobules, pycnidia 등 무성생식기관의 유무, 생성 위치, 형태분화 등을 관찰함과 동시에 생식기의 위치, 형태 등 지의 부속기관들을 관찰한다. 지의류는 종에 따라, 또는 종을 포함하는 상위의 속이나 과와 같은 대분류에서 특성에 따라 생식기의 구조 등이 다르며, 생식기의 종류는 물론 그 구조와 함께 엽상 위에서의 위치와 형태가 다르다. 외부적인 형태는 같아 보이는 생식기를 갖는 것처럼 보여도 내부구조를 살펴보면 생식기의 구조적인 특성과 함께 포자낭의 구조, 포자낭에서 포자

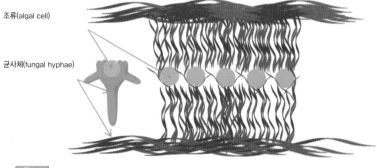

조류(algal cell)

균사체(fungal hyphae)

그림 3-22

지의류의 구조

의 위치 등과 포자의 정렬방식, 포자의 구조, 포자의 산포방식 등이 나르다. 지의체 자체도 절편을 민들이 그 구조를 관찰해야 하는 종이 많은데 이는 균사의 흐름, 즉 균사가 뻗어 나가는 방향이 지의류 종에 따라 다르게 나타나고, 이는 종 또는 속의 고유특성으로 중요하다.

2-2). 화학적 연구

지의류는 화학 분류의 대표적 분류군으로 종에 따라 또는 그 위의 분류단계의 특성에 따라 특정한 성분을 생산하여 화학물질 결정체를 지의체 내에 갖고 있어 지의류 동정에는 지의 성분 검출방법이 필요하다. 지의류 성분의 검정에는 정색반응법color test, 마이크로법micro crystal test, MCT, 박층 크로마토그래피법Thin Layer Chromatography, TLC, 고속액체 크로마토그래피법HPLC 등이 있다(문광희 & 안초롬, 2015).

이와 같은 화학실험을 하기 위해서는 정색반응법은 지정된 시약과 함께 흡습지와 모세관(지름 5mm 내외) 등과 같은 시약 및 기구들이 필요하다. 이 방법은 표피층이나 수층에 결정체로 존재하는 2차 대사산물과 시약의 반응을 보는 방법으로 야외 실험 현장에서도 간단하게 특정한 지의 성분 존재 여부를 간단히 알 수 있다.

MCT법은 광학현미경, 슬라이드 글라스, 커버글라스, 소형 스포이트, 안과용 메스, 마이크로 알코올램프 등과 아세톤을 비롯한 지정 시약이 필요하다. 이 방법은 지의 성분이 유기용매에 추출되는 것을 이용하여 추출 후 시약에 의한 재결정이 성분에 따라 다르게 일어나는 것을 광학현미경을 통하여 관찰하는 방법으로 TLC나 HPLC와 같이 손쉽게 특정성분을 관찰하는데 용이한 방법이다. TLC 방법은 지의체의 경우 TLC 플레이트(알루미늄 250), 아세톤, 특정한 전개액, 전개탱크, 모세관과 튜브를 이용하여 유기용매에 추출하여 성분마다 전개 시간이 다른 것을 이용하여 성분분석을 하는 것이다. HPLC는 위의 방법으로도 확인이 되지 않는 성분들을 분석할 때 지의 성분의 라이브러리를 보유하고 있는 전문기관에 의뢰하여 진행하기도 한다(문광희 & 안초롱, 2015).

① 정색반응법

여러 시약을 이용하여 지의체에 결정체로 존재하는 지의 성분과의 반응을 보는 것이다. 시약으로는 K용액(복상칼륨), C용액(염화칼슘), P용액(파라-페닐렌다이아민) 등이 필요하다. 지의체의 피층과 수층에는 다른 지의 성분을 함유하고 있는 경우가 대부분이기에 정색반응은 피층과 수층을 나누어 검토하는 것이 필요하다. 피층의 정색반응은 가는 유리봉에 시약을 발라 지의체에 직접 묻혀서 반응을 본다. 수층의 정색반응을 보려면 칼로 피층을 제거하여 수층을 노출시킨 후 노출된 수층에 시약을 묻혀서 반응을 본다. 이런 시약에 의한 정색반응 결과는 K+황색 후에 적색, P+등적색, C-(-는 반응이 없음을 의미)라고 표현한다. 일반적으로 정색반응으로 알 수 있는 성분이 많은 것은 아니지만 초기 단계의 종 동정을 위해서는 매우 필요한 반응법이다.(문광희 & 안초롱, 2015)

② MCT 법

정색반응에서는 다른 성분이라 하더라도 같은 반응을 보일 경우가 있다. 하나의 지의체에 여러 종류의 지의 성분이 포함되어 있을 경우, 이 방법이 매우 뛰어난 방법이다. 또한 TLC에서 (헥세인, 메틸

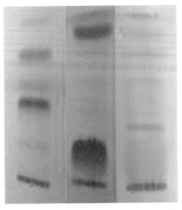

그림 3-23

지의류의 TLC 법에 의한 검출. 왼쪽 첫 번째와 두 번째는 자외선에 의한 발색이고, 맨 오른쪽 그림은 10% 황산 수용액에 담근 후 열을 가해 각 화합물이 여러 색을 발한 발한 것

터트부틸 에터, 메탄산)의 혼합 용액으로 전개하였을 경우 전개값 (Rf값)과 스포트색이 유사한 성분들은 구분하기가 힘들지만 이 방법을 사용하면 간단히 구별할 수 있다(Jayalal 등, 2012; 문광희 & 안초롱, 2015).

③ TLC를 이용한 성분 검출법

이 방법은 성분에 따라 용매에서 전개속도가 다른 것을 이용한 분리검출법이다. 한 번에 10~20개 정도의 지의체 성분을 검출할 수 있다. 여러 시약을 비율에 맞추어 용매를 만들고 아세톤을 사용하여 지의 성분을 추출하여 검사한다. 용매는 여러 종류가 있지만 기본적인 연구에서는 (헥세인, 메틸터트부틸 에터, 메탄산 용액)을 각각 적절한 비율로 섞어 이용한다(Culberson & Johnson, 1982; 문광희 & 안초롱, 2015).

3). 지의류의 종류
3-1). 고착 지의류

고착 지의류는 그림과 같이 바위, 흙, 나무의 껍질에 강하게 부착하여 살아가고, 비교적 건조한 지역에서 발견되는 경향이 있다. 이 지의류는 엽상 및 수지상 지의류보다 작게 발달하며 가장 낮은 형태를 보여주고, 일반적으로 두 가지 다른 색깔의 다른 층으로 발생

한다고 알려졌다(그림 3-24의 A번)(Toby 등, 2016).

3-2). 엽상 지의류

잎을 가진 지의류로 위쪽의 잎과 같이 생긴 확장 부분과 아래쪽의 균류cortex로 구성되는 층화된 구조다. 위쪽 부분은 실제로 균사체로 밀도 있게 싸여 있으며 아래쪽 부분은 보호를 위한 근경rhizomes이라고 불리는 균사체의 질긴 섬유다. 이 근경은 지의류가 그들의 기질에 달라붙거나 매달릴 수 있도록 하는 역할을 한다. 엽상지의류는 조류 층이 위쪽과 아래쪽의 cortex층 사이에 존재한다(그림 3-24의 B번)(Toby 등, 2016).

3-3). 수지상 지의류

직립하거나 매달려 있는 엽상체를 가지고 있으며 방사상의 구조로 발생하며 때때로 관목-줄기를 가진 지의류로 간주된다. 참나무와 같은 살아 있는 나무 위, 소나무의 죽은 나뭇가지 위에서 광범위하게 생장하거나 어떤 종의 경우에는 토양을 따라서 넓게 군집을 이루며 분포하기도 하는 것으로 알려져 있다(그림 3-24의 C번).

4). 선태류

선태류는 이끼류를 말하여 지의류와 함께 남극과 북극에서 흔히 볼 수 있는 식물이다(그림 3-25). 남극반도를 비롯한 남극대륙 주변부에서 주로 발견되는데, 가장 남쪽에서 발견된 기록은 남위 84도 42분이다. 선태류가 많이 생육했던 곳에서는 이들이 죽으면서 형성하는 이탄층을 볼 수 있다. 사우스오크니에 있는 시그니섬과 남쉐틀랜드에 있는 엘리펀트섬에서 약 3m 정도의 이탄층이 발견되었는데, 해마다 약 0.25~2.0mm의 속도로 형성된다는 점을 고려

그림 3-24

남극의 지의류. (A: 고착 지의류, B: 엽상 지의류, C: 수지상 지의류)

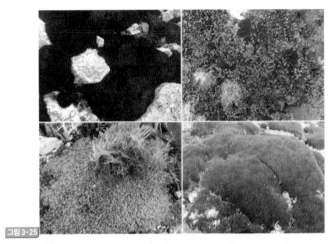

남극의 선태류

할 때 약 1,500~12,000년 동안 선태류 군집이 번성했다는 것을 알 수 있다(http://www.kopri.re.kr/www/environment/antarctic/ terrestrials_overview/terrestrials_guide/terrestrials_guide.cms).

남극의 해조류

남극의 육상에는 대부분 지의류와 선태류가 분포하고 있는 반면, 해양에는 해조류를 포함하여 플랑크톤 같은 부유생물, 어류, 해양 포유류와 해양 조류 등 많은 생물이 살아가고 있다.

1). 녹조류

극지과학자가 들려주는 천연물 이야기

남극의 세종기지 주변에는 5종의 녹조류와 1종의 황갈조류가 생육하고 있다. 대부분의 녹조류는 조간대에서 자란다. 주머니홑파래는 조간대 조수웅덩이로부터 수심 20m의 조하대까지 폭넓게 분포하며, 남극다박실은 매우 특이하게 깊은 수심대에서만 관찰된다. 황갈조류의 일종인 널판주머니말은 꼭 홍조류 장끼볏곱슬이에만 붙어 자라는 특성을 보인다. 한편, 주머니홑파래, 물집잎파래, 초록털말과 같은 종은 전 세계에 분포하기 때문에, 지역에 따른 종의 분화(진화)와 환경변화 모니터링을 위한 지표종으로 좋은 연구 대상이다.

2). 갈조류

세종기지 주변에는 총 15종의 갈조류가 생육하고 있다. 이 가운데 산말과에 속하는 6종의 대형 갈조류들은 얼음의 영향을 받지 않는 수심 15m 이하에서 울창한 해중림을 형성하며, 남극 연안 저서생태계의 중심을 이룬다. 큰잎나도산말은 형태적으로는 다시마와 매우 비슷한데, 그 길이가 때론 십여 미터에 달한다. 이에 비해 산말*Desmarestia* spp들은 체장이 3m 이하로 작으나, 잔가지가 무성해 생물량으로는 오히려 큰잎나도산말을 앞선다. 대형 갈조류를 중심으로 한 저서생태계는 규조류로부터 갑각류, 패류, 어류에 이르기까지 작은 먹이망을 형성한다.

3). 홍조류

세종기지 주변에는 20종의 홍조류가 생육하고 있다. 홍조류는
형태적으로나 생식방법으로나 해조류 가운데 가장 고등한 까닭에,
남극에서 자라는 홍조류는 지구 생물의 진화와 기원을 해석하는데
매우 큰 가치가 있다.

북극 및 툰드라의 식생 및 특징

북극은 북극권보다 북쪽에 있는 땅과 바다를 가리킨다. 북극권
은 북위 66.6도를 연결한 원으로 하지에 해가 지지 않고 동지에 해
가 뜨지 않는 기준선이다. 생태학적 측면에서는 큰 나무가 자랄 수
있는 북방수목한계선을 북극이라 일컫는다. 툰드라의 핀란드의 어
원은 treeless이며, 툰드라는 낮은 온도와 짧은 생장 기간 때문에
키가 큰 나무가 자라지 못하는 곳이다. 따라서 북극 툰드라는 생태
학에서 정의한 북극 중에서 육지에 해당한다.

북극 툰드라 지대는 약 10,000년 전에 형성되었다. 위도는 북위
55도에서 70도 사이로 매우 광대하며 나무가 없는 지대로 북극점
을 둘레로 지구 표면의 약 20%를 차지한다. 땅은 항상 눈과 얼음
으로 쌓여 있으며, 매우 삭막하다. 연평균 기온은 영하 56도에 달
한다. 이런 이유로 땅은 표면에서 25cm에서 1m 아래까지 얼어 있

으며, 아주 작은 관목류 외에 큰 나무들은 땅속 깊이 뿌리를 내리지 못하기 때문에 자라지 못한다. 동토층 및 바위로 이루어진 땅은 이끼나 야생화, 지의류만이 자라고 있다. 여름이 되면 영구동토층의 표면이 약간 녹는데 툰드라 지대는 습지, 호수, 수렁, 개울로 바뀐다. 온도는 약 3~16도 정도가 되며, 이때 잠시나마 수많은 곤충이나 동물을 볼 수 있다. 툰드라 지대에는 비관속 식물에 해당하는 3,000종 이상의 이끼류나 지의류, 그리고 유관속식물이 살아가고 있으며, 일부 식물은 우리나라에서도 발견된다. 이들 중 약 400종의 현화과 식물(꽃을 피우는 식물)이 있으며 약 50~60일 동안 자라고 번식을 한다.

툰드라에서는 여우, 사슴, 곰, 다람쥐, 토끼 등 약 48종의 포유류가 발견되며, 북아메리카의 카리보우 지역에 지의류와 작은 식물을 먹이로 하는 매우 큰 소들의 무리가 있다. 여름에 주로 활동하는 툰드라 모기는 체내의 글리세롤이라는 화학물질을 이용하여 겨울의 추위로부터 몸을 얼지 않게 하는 것으로 알려져 있다. 툰드라 지대는 지구에서 이산화탄소가 감소하는 주요 세 곳 중 하나다. 이산화탄소 감소는 그것이 방출되는 것보다 이것을 이용하는 생물량이 많다는 것을 의미한다. 이산화탄소는 지구 온난화의 주범으로 알려져 있다. 짧은 여름 동안 툰드라의 식물은 광합성 과정에 필요한 이산화탄소, 햇빛, 물을 이용한다. 식물들이 죽고 분해되면 이산화탄소를 배출하지만 툰드라의 짧고 서늘한 여름과 매서운 겨울 온도는 이곳 식물들이 죽어도 이산화탄소를 배출하지 못하게 한다. 이것이 수천 년 동안 반복되면 툰드라 영구동토층을 형성한다. 이것은 툰드라가 이산화탄소를 감소시키고 대기로부터 제거하는 역할을 한다. 하지만 전 세계적 온난화는 북극의 영구동토지대를 녹이는 것으로 나타나고 있으며, 서서히 대기로 이산화탄소가 배출되기 시작하는 것으로 보고되고 있으며, 앞으로 이 지대의 식생도 변화할 것으로 예측된다(https://en.wikipedia.org/wiki/Tundra).

그림 3-26

(왼쪽)북극의 툰드라 지대로 북극권으로 분류하고 있다. (오른쪽)우리나라 극지연구소와 세계 여러 나라가 공동으로 사용하고 있는 다산기지

극지과학자가 들려주는 천연물 이야기

최근 러시아, 덴마크, 노르웨이, 핀란드 등 대부분의 북극권 국가들이 이 일대에 대한 주권을 주장하고 있으며, 북극 툰드라 지대의 천연자원을 이용하고 있다. 러시아에서는 툰드라 이끼를 이용하여 'Bio Arctic'이라는 보습샴푸를 개발했고, 스웨덴에서는 북극 툰드라 식물에서 얻어지는 열매를 이용하여 보습로션을 시장에 출시했으며, 핀란드 등에서는 클라우드베리(호로딸기라고도 부르는 산딸기의 일종)로부터 항노화 물질을 추출하여 안티에이징 비비크림과 수분크림을 개발하고 있다.

4장

극지의 천연물 연구

극지의 천연물 연구는, 낮은 온도와 강한 바람으로 육상의 동식물 수가 많지 않아, 해양 생물이나 미생물을 중심으로 이루어집니다. 극지역은 독특한 환경과 심한 경쟁에 의해 다양한 생물학적 활성을 가진 새로운 화합물이 도출될 가능성이 상당히 크며, 생물학적 활성의 다양성은 새로운 생물학적 천연물 발견의 기회를 제공합니다. 남북극 시료에서 분리한 여러 균주가 여러 병원성 균주를 사멸시키는 항곰팡이 활성을 보였고, 남극에서 유래한 특정 균주가 항암 활성을 보였다는 연구도 있습니다. 현재까지 항균, 항암, 항산화 등과 같은 다양한 활성을 갖는 2차 대사산물이 해면동물, 자포동물, 태형동물, 연체동물, 피낭동물, 미생물 및 공생 미생물, 지의류 등에서 분리되었습니다.

극지 천연물에 대한 연구는 현재 극히 일부의 생물과 물질에 대해서
만 진행되고 있습니다. 우리가 진행하고 있는 극지에 대한 폭넓은
연구는 더욱 많은 천연물 신약을 개발할 수 있는 기회를 만들어낼 것
입니다.

극지역은 멀고, 인간이 살기 힘든 곳이다. 육상은 낮은 온도와 강한 바람으로 동식물의 수도 많지 않아 해양 생물이나 미생물 연구가 대부분이다. 극지역의 독특한 환경과 심한 경쟁의 관점에서 볼 때 이러한 생태계에서 다양한 생물학적 활성을 가진 새로운 화합물이 도출될 가능성이 크다. 극지역의 생물학적 다양성과 활성을 보고하는 연구가 증가하고 있다. 생리학적 적응이 호냉성 생물로 하여금 극지역에서 잘 자라게 해왔고 득히 미생물은 확실하게 그렇다. 최근 남극 토양, 연안, 조간대 지역에서 신규 미생물들이 발견되고 있어 새로운 천연물의 발견이 기대된다. 생물학적 활성의 다양성은 새로운 생물학적 천연물의 발견의 다른 기회를 제공한다. 남북극 시료에서 분리한 균주들이 병원성 균주*Candida albicans* NCIM 3471를 사멸시키는 항곰팡이 활성을 보였다(Shekh 등, 2011). 또한, 남극에서 유래한 259개 균주의 11%가 항암 활성을 보였다는 연구도 있다(Zhu 등, 2006). 유기체로부터 생물 활성 원리에 대한 스크리닝 프로그램에 따라 새로운 천연물이 발견될 수 있다. 지금까지 항균, 항암, 항산화 등과 같은 다양한 활성을 갖는 2차 대사산물이 해면동물, 자포동물, 태형동물, 연체동물, 피낭동물, 미생물 및 공생 미생물, 지의류 등에서 분리되었다(그림 4-1). 극지의 생물로부터 분리한 새로운 천연물질을 서로 다른 생물활성에 기초하여 살펴보고자 한다.

(a) (b) (c)

(d) (e) (f)

그림 4-1

천연물이 발견되는 남극의 생물들. (a) 해면동물, (b) 자포동물 (c) 태형동물 (d) 연체동물 (e) 피낭동물 (f) 지의류

1 항균 활성을 갖는 물질들

아스테릭산asterric acid 유도체로, 지오마이신geomycin A, B, C가 남극 자낭균ascomycete 곰팡이 *Geomyces* sp.에서 분리되었다(Li 등, 2008)(그림 4-2). 항균 및 항곰팡이 활성을 조사한 결과 지오마이신 B가 *Aspergillus fumigatus*에 대하여 우수한 항곰팡이 활성을 보였다 (IC_{50}=0.86μM, MIC=29.5μM)*. 지오마이신 C는 그람양성균인 *Staphylococcus aureus*와 *Staphylococcus pneumoniae*에 대하여 각각 IC_{50}=17.3, 36.2μM, MIC=75.8, 151.5μM의 활성을

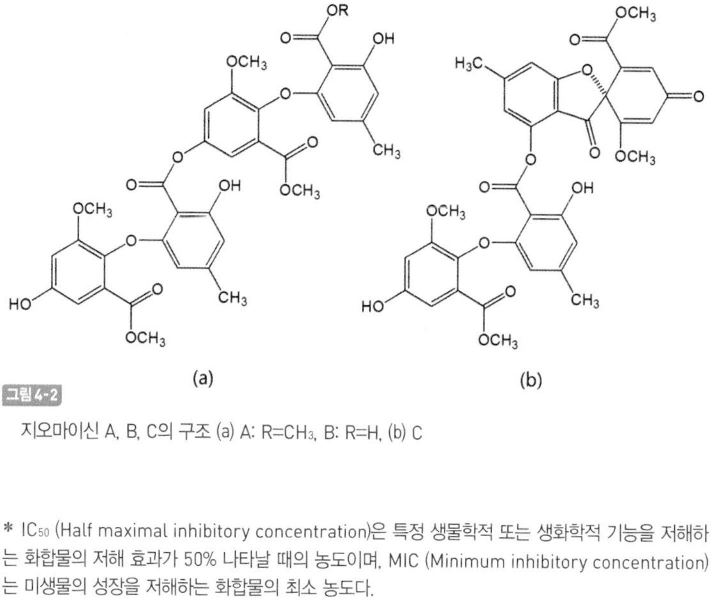

그림 4-2

지오마이신 A, B, C의 구조 (a) A: R=CH_3, B: R=H, (b) C

* IC_{50} (Half maximal inhibitory concentration)은 특정 생물학적 또는 생화학적 기능을 저해하는 화합물의 저해 효과가 50% 나타날 때의 농도이며, MIC (Minimum inhibitory concentration)는 미생물의 성장을 저해하는 화합물의 최소 농도다.

나타냈다. 지오마이신 C는 그람음성균인 대장균에도 활성을 나타
냈다((IC$_{50}$=12.9μM, MIC=30.3μM).

　동남극 Schirmacher Oasis에서 분리한 세균 *Janthinobacte-
rium* sp. Ant5-2로부터 보랏빛의 violacein, J-PVP와 *Flavoba-
cterium* sp. Ant342로부터 연주황빛의 flexirubin, F-YOP 모두 항
균 활성을 보였다 (Mojib 등, 2010; 그림 4-3). J-PVP와 F-YOP는
각각 *Mycobacterium smegmatis* me2155에 대하여 8.6, 3.6μg/
ml, *Mycobacterium tuberculosis* me26230에 대하여 5, 2.6μg/
ml, 독성이 강한 *Mycobacterium tuberculosis* H37Rv에 대하여
34.4, 10.8μg/mL의 MIC 값을 나타내었고 이전 보고의 15배 정도
향상된 것이다. 이는 남극 유래 천연물질이 새로운 결핵치료제로
가능성을 열었다는데 의미가 있다.

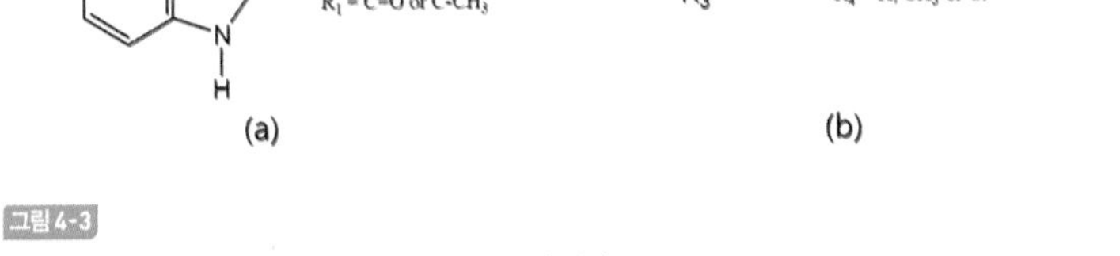

R_1 = C=O or C-CH$_3$

R_1 = alkane
R_2 = alkene
R_3 = CH$_3$ or alkane
R_4 = H, CH$_3$ or Cl

(a)　　　　　　　　　(b)

그림 4-3

(a)violacein J-PVP　(b)flexirubin F-YOP의 예상 구조

북극 해빙에서 채취한 세균 *Salegentibacter* sp.에서 일련의 방향족 니트로 화합물이 분리되었다 (Al-Zereini 등, 2007). 그 중 신종 화합물 (4-hydroxy-3,5-dinitrophenyl)-propionic acid methyl ester와 2-(4-hydroxy-3,5-dinitrophenyl)-ethyl chloride는 *Magnaporthe grisea* 70-15에 대하여 항곰팡이 활성 (MIC=25μg/ml)을 나타냈다(그림 4-4).

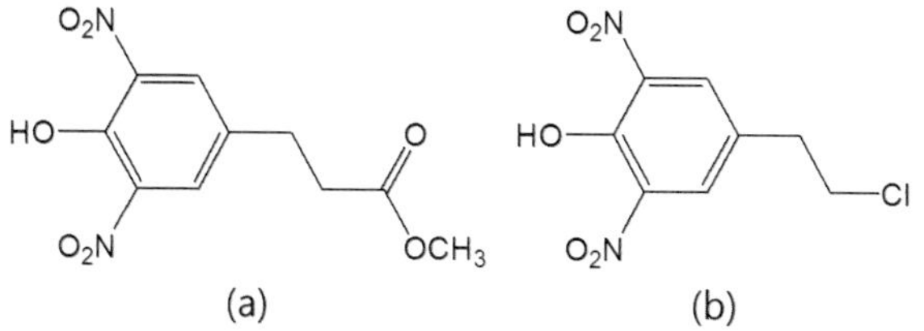

그림 4-4

(a) (4-hydroxy-3,5-dinitrophenyl)-propionic acid methyl ester (b) 2-(4-hydroxy-3,5-dinitrophenyl)-ethyl chloride의 구조

남극 테라노바만의 토양시료에서 분리된 방선균[*] *Streptomyces griseus* strain NTK 97은 frigocyclinone을 생산한다(Bruntner 등, 2005; 그림 4-5(a)). Frigocyclinone은 그람양성균인 *Bacillus subtilis* DSM 10과 *Staphylococcus aureus* DSM 20231에 대하

[*] 선균문(Actinobacteria)에 속하는 세균의 총칭으로, 실모양이고 가지를 내기도 하며 외생포자를 만들기 때문에 곰팡이와 비슷하나 원핵성의 그람양성균이다.

여 각각 10과 33μM의 MIC 값을 보였다. 남극 남세균[*]에서도 항균 활성을 갖는 천연물이 분리되었다(Asthana 등, 2009; 그림 4-5(b)). 4-[(5-carboxy-2-hydroxy)-benzyl]-1,10-dihydroxy-3,4,7,11,11-pentamethyloctahydrocyclopenta naphthalene으로 추정되는 이 물질은 *Staphylococcus aureus*에 대한 MIC가 0.5*μg/ml* 였고, *Pseudomonas aeruginosa, Escherichia coli, Salmonella typhi, Enterobacter aerogenes*에 대한 MIC는 2*μg/ml*였다. 특히 *E. aerogenes*에 대한 활성은 streptomycin이나 rifampicin보다 8배 높은 값으로 남극 남세균이 미래 신약개발의 중요한 자원으로 떠오르고 있음을 의미한다.

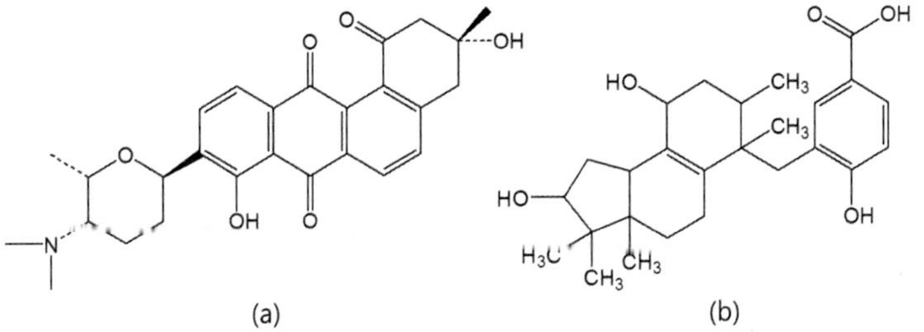

(a)   (b)

그림 4-5

(a) frigocyclinone (b) 4-[(5-carboxy-2-hydroxy)-benzyl]-1,10-dihydroxy-3,4,7,11,11-pentamethyloctahydrocyclopenta naphthalene 의 구조.

* 광합성을 통해 산소를 만드는 세균으로 예전에는 남조류(Blue-green algae)라고도 불렀으나 현재 원핵생물로 분류한다.

극지 해양동물에서도 항균 활성을 갖는 천연물이 분리되고 있다. 노르웨이 북부지방의 Troms 해안에 서식하는 멍게의 일종인 *Synoicum pulmonaria*의 아세토나이트릴 추출물에서 분리된 synoxazolidinone A는 MRSA[*], *Corynebacterium glutamicum*, *Saccharomyces cerevisiae*에 대하여 각각 10, 6.25, 12.5 $\mu g/ml$의 MIC를 나타내었다(Tadesse 등, 2010; 그림 4-6(a)). 남극에서 채취한 해면 *Crella* sp.의 디클로로메탄/메탄올 추출물에서 얻은 norselic acid A는 MRSA, MSSA methicillin-sensitive *Staphylococcus aureu*), VREFVancomycin-resistant *Enterococci faecium*, *Candida albican* 등에 대하여 광범위한 항생활성을 보였는데, 그람음성균인 대장균에는 효과가 없었다 (그림 4-6(b). 북대서양의 비에르뇌위아 섬 근처에서 채집한 북극 태형동물 *Tegella cf. spitzbergensis*의 디클로로메탄/메탄올 추출물에서 트립토판 유래 유신티아미드 Btryptophan-derived ent-eusynstyelamide B와 세 유도체 유신티아미드 D, E, F를 얻었다(Tadesse 등, 2011; 그림 4-6(c)). 북극 태형동물에서 유래한 최초의 항균 대사물질로 그람양성균에 잘 작동하였다. 엔트-유신티아미드 B와 유신티아미드 F는

---

[*] 메티실린 내성 황색 포도상구균(Methicillin-resistant *Staphylococcus aureus*)은 페니실린과 세팔로스포린을 포함한 β-락탐계 항생물질에 내성을 획득한 *S. aureus*이다.

*Staphylococcus aureus*에 대하여 $6.25 \mu g/ml$ 이하의 MIC 값을 나타내었고, 유신티아미드 D, E는 미약한 흑색종melanoma 세포에 활성을 나타냈다.

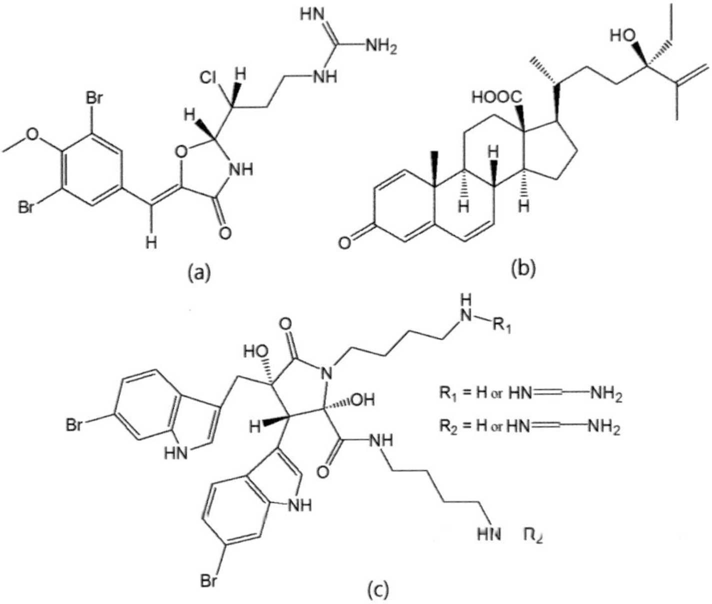

(a)

(b)

$R_1 = H \text{ or } HN = \!\!\!= NH_2$

$R_2 = H \text{ or } HN = \!\!\!= NH_2$

(c)

그림 4-6

(a) synoxazolidinone A, (b) norselic acid A, (c) eusynstyelamide B (R_1=HNCNH$_2$, R_2=HNCNH$_2$), eusynstyelamide D (R_1=H, R_2=H), eusynstyelamide E (R_1=HNCNH$_2$, R_2=H), eusynstyelamide F (R_1=H, R_2=HNCNH$_2$)의 구조

2 항암 활성물질

북극해의 해초에서 분리한 방선균 *Nocardiopsis* sp. 03N67의 배양액에서 찾은 diketopiperazine은 인간제대 정맥 내피세포 (HUVECs, Human umbilical vein endothelial cells)의 혈관신생을 방해하였다(Shin 등, 2010). Cyclo-(L-Pro-L-Met)로 명명된 이 물질은 종양세포의 성장과 전이를 억제하는 데 효과적이다(그림 4-7(a)).

새로운 고리형 뎁시펩티드인 스테레오칼핀 A가 남극 킹조지섬의 세종과학기지가 있는 바톤반도에서 채취한 지의류 스테레오카울론 알피넘*Stereocaulon alpinum*의 메탄올 추출물에서 분리되었다 (Seo 등, 2008; 그림 4-7(b)). 세 종류의 인간 고형 종양에 대한 항암 활성을 측정한 결과 결장암, 피부암, 간암 세포에 대하여 각각 6.5μM, 11.9μM, 13.4μM의 IC_{50} 값을 보였다.

남극 로스해에서 채집한 멍게의 한 종류인 *Aplidium* sp.의 추출물에서 분리된 meroterpene 유도체로 확인된 로시논[Rossinone] A 와 B가 백혈병 세포에 대해 항 증식 활성을 보였다(Appleton 등, 2009; 그림 4-7 (c), (d)). 로시논 A와 B의 IC_{50} 값은 각각 0.39, 0.084μM이었다. 특히 로시논 B는 신경아세포종에 대하여 1.6μM의 IC_{50} 값을 보였고, 고형암세포, 흑색종, 유방암, 대장암 세포 등에도 효과가 있었다. 또한 DNA 바이러스 HSV-1[*]에 대하여 항바이러스 효과 및 항균 활성도 나타냈다.

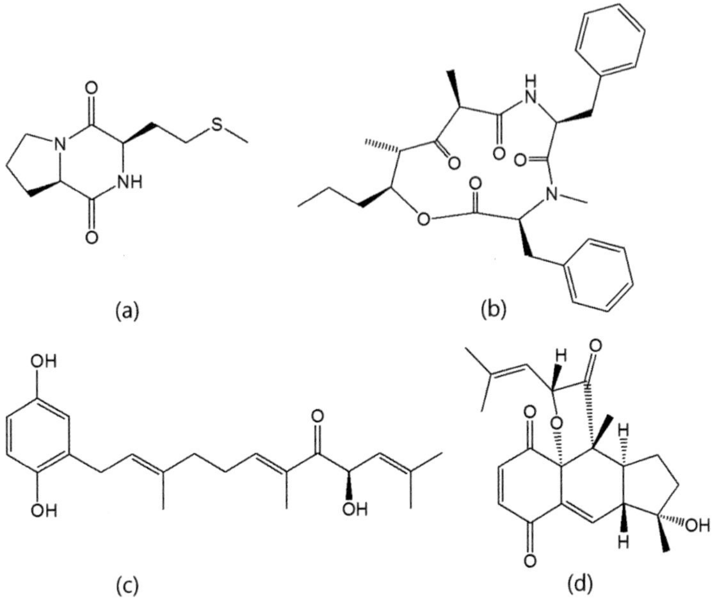

(a)   (b)

(c)   (d)

그림 4-7

(a) Cyclo-(L-Pro-L-Met), (b) cyclic depsipeptide, (c) rossinone A, (d) rossinone B의 구조

* Herpes simplex virus는 단순포진 바이러스로 주로 입술에 작은 물집 발진을 형성한다.

남극 피낭동물 *Aplidium cyaneum*의 디클로로메탄/메탄올 추
출물에서 얻은 브로모인돌bromoindole 유도체인 aplicyanins은 대
장암, 폐암, 유방암 종양세포에 항암활성을 보였다(Reyes 등,
2008). Aplicyanin B, D, F는 각각 폐암세포에 대하여 0.66, 0.63,
1.31μM, 대장암세포에 대하여 0.39, 0.33, 0.47μM, 유방암세포에
대하여 0.42, 0.41, 0.81μM의 GI_{50}* 값을 보였다(그림 4-8(a)). 남극
해 피낭동물 *Synoicum adareanum*에서 분리된 hyousterone A,
C, abeohyousterone은 대장암세포에 대해 각각 10.7μM, 3.7μM,
3.9μM의 IC_{50} 값을 보였다(Miyata 등, 2007; 그림 4-8(b), (c)).

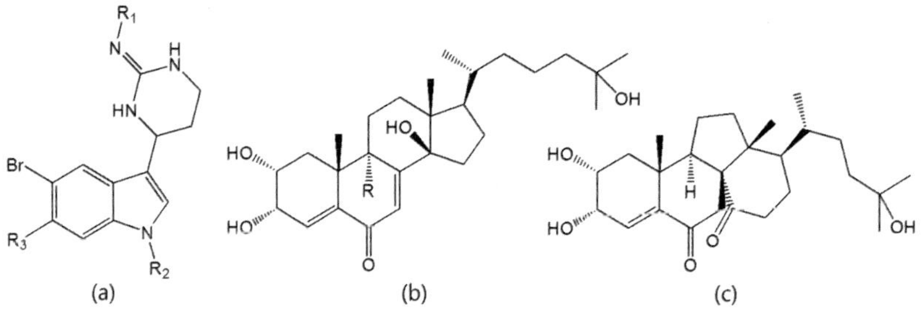

(a)　　　　　　(b)　　　　　　(c)

그림 4-8

(a) Aplicyanine B (R_1=Ac, R_2=R_3=H), D (R_1=Ac, R_2=OMe, R_3=H), F (R_1=Ac, R_2=OMe, R_3=Br), (b) hyousterone A (R=H), C (R=OH), (c) Abeohyousterone의 구조

* GI_{50} (Growth inhibition 50)은 세포 수준에서 세포 성장을 50% 저해하는 농도임

남극반도 팔머기지Palmer Station 주변에서 채집한 피낭동물 *Synoicum adareanum*의 메탄올/디클로로메텐 추출물에서 분리된 거대고리 폴리케타이드는 팔머로라이드 A로 명명되었는데 흑색종(melanoma)에 대해 IC_{50} 값이 $0.018\mu M$, 대장암세포와 신장암세포에 $6.5\mu M$의 활성을 보였다(Diyabalanage 등, 2006; 그림 4-9). 남극 피낭동물 *Synoicum adareanum*에서 분리한 palmerolide D 는 흑색종 세포에 강력한 활성을 보였다. Palmeolide A에 비해 10 배 이상의 IC_{50} 값 $(0.002\mu M)$을 보였다 (Noguez 등, 2011; 그림 4-9 붉은색 구조식).

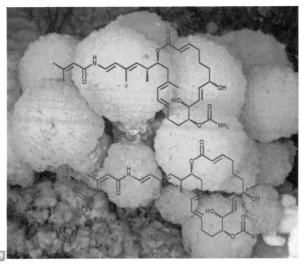

그림 4-9

*Synoicum adareanum*과 palmeolide A (파란색), paleolide D (붉은색) 의 구조

3 PTP1B 저해제

남극 지의류 *Sterocaulon alpinum*의 메탄올 추출물에서 획득한 대사체 중에서 뎁시돈depsidone 형태의 로바릭산lobaric acid은 PTP1B에 대해 강한 저해활성(IC_{50} = 0.87μM)을 보였다(Seo 등, 2009; 그림 4-10 (a)). 같은 지의류에서 분리한 또 다른 물질인 우시마인Usimine A, B, C는 각각 15.0, 27.7, 23.2μM의 IC_{50} 값을 보였다(Seo 등, 2008; 그림 4-10 (b), (c)).

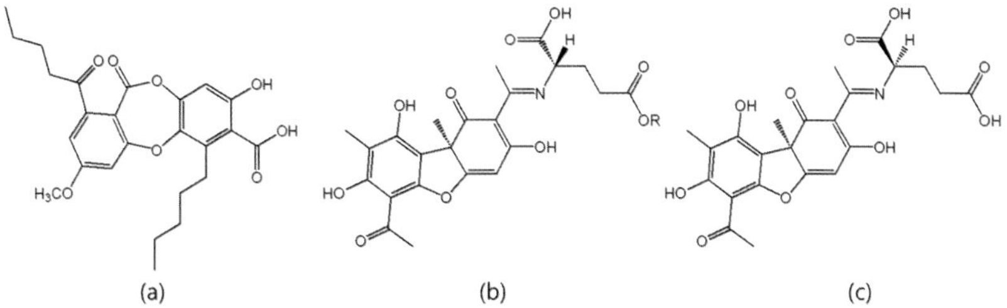

그림4-10

(a) Lobaric acid, (b) usimine A (R=CH$_3$), B (R=H), (c) usimine C의 구조

엽상 지의류 중 *Umbilicaria Antarctica*로부터 분리된 지로폴릭산Gyropholic acid 도 PTP1B에 대해 강한 항당뇨 효과(IC_{50}=3.6μM)를 나타냈다(Seo 등, 2009; 그림 4-11 (a)). 남극 이끼 *Polytrichastrum alpinum*의 메탄올 추출물에서 분리된 benzonaphthoxanthenone계열의 오하이오엔신Ohioensin F와 G는 비경쟁적 형태로 PTP1B 저해 활성을 보였으며 IC_{50} 값은 각각 3.5, 5.6μM 이었다 (Seo 등, 2008; 그림 4-11 (b), (c)).

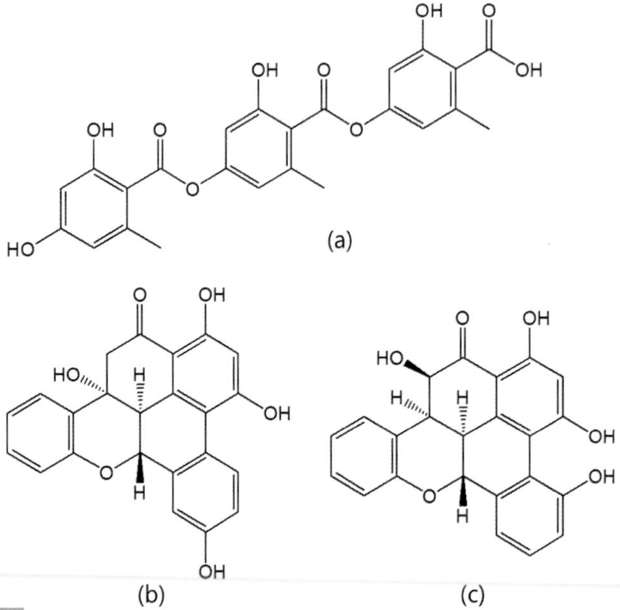

(a)

(b)   (c)

그림 4-11

(a) Gyropholic acid, (b) ohioensin F, (c) ohioensin G의 구조

4 기타 생물학적 활성 물질

남극 엽상 지의류 라말리나 테레브라타의 메탄올/물 추출물에

서 분리된 새로운 항산화 물질인 라말린ramalin은 BHT*, 비타민C
와 같은 상품화된 항산화물질보다 높은 항산화능을 보였다
(Paudel 등, 2011; 그림 4-12(a)). 이 물질은 인간 섬유아세포와 인
간 케라틴 형성세포에 전혀 독성을 보이지 않거나 아주 미약한 독
성을 보여 산화스트레스 관련 질환의 치료에 이용될 수 있을 것으
로 기대된다. 라말린은 현재 화장품 제제에 사용되고 있다. 또한,
치매를 예방하는 효과 및 항암 효과를 보이는 것으로 나타났다. 남
극 듀몽듀빌Dumont d'Urville 기지 근처의 해수에서 얻은 세균
*Pseudoalteromonas haloplanktis*의 배양액에서 얻은 cyclo-(L-
prolyl-L-tyrosine)는 항산화 활성을 보였다(Mitova 등, 2005; 그림
4-12 (b).

　남극 웨델해에서 채집한 연산호soft coral *Aleyonium grandis*의
에터ether 추출물에서 분리한 세스퀴터페노이드sesquiterpenoid는 2
차 대사산물로 포식자를 효과적으로 피하는데 작용하는 물질로 추
정된다(Carbone 등, 2009; 그림 4-12(c)). 또 다른 세 종류의 반 포
식 물질로 팔마도린 palmadorin A, B, C가 서남극반도의 팔머기지
주변에서 채집된 갯민숭달팽이 *Austrodoris kerguelenensis*의 클

---

* Butylated hydroxytoluene은 지방에 잘 용해되는 항산화물질이다.

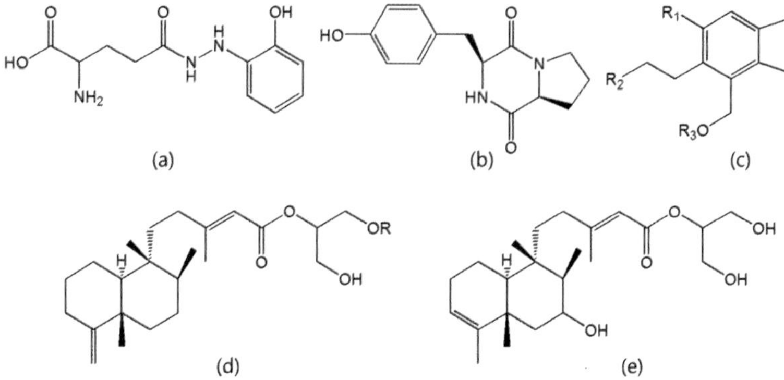

그림 4-12

(a) Ramalin, (b) cyclo-(L-prolyl-L-tyrosine), (c) Sesquiterpenoid (R_1=CH$_3$, CH$_2$OH, CH$_2$OCOCH$_3$, CH$_2$OCOCH$_2$CH$_2$CH$_3$, R_2=Cl, OCOCH$_3$, OCOCH$_2$CH$_2$CH$_3$, R_3=H, COCH$_3$, COCH$_2$CH$_2$CH$_3$), (d) Palmadorin A (R=H), B (R=Ac), (e) Palmadorin C의 구조

로로포름 추출물에서 분리되었다(Diyabalanage 등, 2010; 그림 4-12(d), (e)).

고착 지의류 중 *Tephromela atra*로부터 분리된 폴리페놀류의 일종인 collatolic acid는 매우 강한 항산화 효과를 보였다. 수지상 지의류의 일종인 *Stereocaulon aplinum*으로부터 분리된 로바스틴lobastin은 강한 항당뇨 효과를 나타냈다. 라말린과 함께 분리된 스테레오 칼핀 A Stereocalpin A는 동맥경화를 예방하는 효과가 있는 것으로 나타났다.

남극의 해조류 중 홍조류의 일종인 *Plocamium cartilagineum*으로부터 분리된 퓨로플로카미오이드 C$^{Furoplocamioid C}$는 암세포 억제 효과를 나타내었고, *Pantoneura plocamiolides*로부터 분리된 2-브로모바이오라센$^{2-bromoviolacene}$은 모노테르펜 구조로 분자 내에 염소 및 브롬과 같은 할로겐족 원소를 갖는 독특한 화합물이며, 해충 예방 효과가 있는 것으로 밝혀졌다. 아래 그림 4-13에 이들의 화학 구조를 나타내었다. 여기에서 소개되는 극지 생물들과 이들로부터 분리한 화합물은 앞으로 질병 치료나 다른 산업용 소재로 사용될 가능성이 크며, 아직도 수많은 극지 생물들에 대한 연구는 일부만 진행되고 있다. 따라서 극지에 대한 많은 관심과 폭넓은 연구가 필요할 것이다.

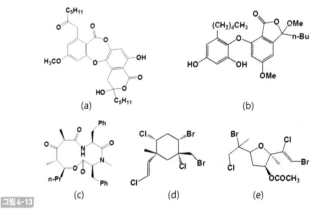

그림 4-13

남극 생물로부터 분리한 생리 활성물질 (a) collatolic acid, (b) lobastin, (c) stereocalpin A, (d) 2-bromoviolacene, (e) furoplocaminoid C

5 극지 천연물 연구의 미래

지금까지 살펴본 연구들에서 알 수 있듯이 극지의 극한환경에서 살아남은 생물들은 생물학적 활성을 갖는 화합물의 거대한 보물창고다. 가까운 미래에 극지 천연물에 대한 연구는 매력적인 연구 분야가 될 것이고 다음과 같은 연구가 필요할 것이다.

첫째, 유기 생물체, 특히 미생물을 다량 확보해야 한다. 극지역의 혹독한 환경 때문에 극지 과학자는 새로운 천연 화합물을 생산할 수 있는 극지 미생물을 배양해야 한다. 그리고 다양한 방법의 미생물 확보 방안도 연구되어야 한다.

둘째, 과거 대부분의 연구는 새로운 화합물의 스크리닝과 특성 파악에 초점을 두었지만 앞으로는 천연물의 활성 메커니즘에 대한 연구가 진행되어야 한다. 활성의 스크리닝 모델은 항박테리아와 항종양 등에만 국한되어 있어, 항바이러스, 면역억제 등의 분야에서 광범위한 연구가 필요한 실정이다.

셋째, 질병 치료를 위한 강력한 후보물질 확보를 위해 새로운 극지 천연물 연구에 혁신적인 접근 방법을 제공하기 위해서는 공동 노력과 학제 간 연구가 필요하다. 한마디로, 극지역의 생물체는 생물 활성을 지닌 광대한 미개발 천연자원이다. 인류는 극지 천연물 연구 결과로 인간 질병을 통제하고 인간의 건강을 보호하는 혜택을 누릴 수 있을 것이다.

참고 문헌

단행본, 신문잡지, 인터넷

곽재욱, 《건강기능식품 강의》 신일상사, 2005.

김영식, 〈페니실린 발견과 대량생산〉, 《디지털타임스》 2015년 3월 17일.

다이어무이드 제프리스, 《아스피린의 역사》 김승욱 옮김, 동아일보사, 2007.

머리 카펜터, 《카페인 권하는 사회》 김정은 옮김, 중앙북스, 2015.

문광희, 안초롱, 〈동아시아 해안·도서 지의의 분화 및 종다양성 연구 (Ⅳ)〉 국립생물자원관, 2015.

손의동, 〈대표적인 항노화 성분, 레티놀〉, 《헬스조선》, 2006.

앨런 라이트먼, 《과학의 천재들》 박미용, 이성렬, 임경순 옮김, 다산북스, 2011.

연구성과실용화진흥원, 《건강기능식품 시장 동향》 S&T Market Report, 2016.

우원식, 《천연물화학 연구법》, 서울대학교 출판부, 2002.

천연물의약품 편찬위원회, 《천연물의약품》 동명사, 2016.

페니 카레론 르 쿠터, 제이 버레슨, 《역사를 바꾼 17가지 화학 이야기 2》 곽주영 옮김, 사이언스북스, 2007.

Karukstis KK, Van Hecke GR, 《날마다 일어나는 화학스캔들 104》 고문주 옮김, 북스힐, 2005.

Pierrehumbert RT, *Principles of Planetary Climate,* Cambridge University Press, 2010, New York.

http://www.kopri.re.kr/www/environment/antarctic/terrestrials_
    overview/terrestrials_guide/terrestrials_guide.cms.

https://en.wikipedia.org/wiki/Tundra.

학술지 논문

Ann HS, LeeYM. (2011) Pharmacological action of adenosine on the cardiovascular system. *Kor J Clin Pharm* 21: 6-13.

Appleton DR, Chuen CS, Berridge MV, Webb VL, Copp BR. (2009) Rossinones A and B, biologically active meroterpenoids from the Antarctic ascidian, *Aplidium* species. J Org *Chem* 74: 9195-9198.

Asthana RK, Deepali, Tripathi MK, Srivastava A, Singh AP, Singh SP, Nath G, Srivastava R, Srivastava BS. (2009) Isolation and identification of a new antibacterial entity from the Antarctic cyanobacterium Nostoc CCC 537. *J Appl Phycol* 21: 81-88.

Bruntner C, Binder T, Pathom-aree W, Goodfellow M, Bull AT, Potterat O, Puder C, Horer S, Schmid A, Bolek W, Wagner K, Mihm G, Fiedler HP. (2005) Frigocyclinone, a novel angucyclinone antibiotic produced by a *Streptomyces griseus* strain from Antarctica. *J Antibiot* 58: 346-349.

Carbone M, Nunez-Pons L, Castelluccio F, Avila C, Gavagnin M. (2009) Illudalane sesquiterpenoids of the alcyopterosin series from the Antarctic marine soft coral *Alcyonium grandis*. J Nat Prod 72: 1357-1360.

Cho KS. (2016) Inhibitory effect of DPPH radical scavenging activity and hydroxyl radicals (OH) activity of *Hydrocotyle sibthorpioides* lamarck. *Journal of Life Science*, 26:1022-1026.

Culberson CF, Johnson A. (1982) Substitution of methyl tertbutylether for diethylether in the standardized thin-layer chromatographic method for lichen products. J *Chromatogr* 238:483-487.

Daly JW. (1982) In: Fortschr. Chem. Org. Naturstoffe, Springer, Wien, Vol. 41, 205-340.

参考 文献 계속▶

DiyabalanageT, Amsler CD, McClintock JB, Baker BJ. (2006) Palmerolide A, a cytotoxic macrolide from the Antarctic tunicate *Synoicum adareanum. J Am Chem Soc* 128: 5630-5631.

DiyabalanageT, Iken KB, McClintock JB, Amsler CD, Baker BJ. (2010) Palmadorins A-C, diterpene glycerides from the Antarctic nudibranch Austrodoris kerguelenensis. J *Nat Prod* 73: 416-421.

Enrich LB, Scheuermann ML, Mohadjer A, Matthias KR, Eller CF, Scott Newman M, Fujinaka M, PoonT. (2008) *Liquidambar styraciflua*: a renewable source of shikimic acid. *Tetrahedron Lett* 49: 2503-2505.

Ghosh S, ChistiY, Banerjee UC. (2012) Production of shikimic acid. *Biotechnol Adv* 30: 1425-1431.

Hassanpour SH, Dehghani M. (2017) Review of cancer from perspective of molecular. *Journal of Cancer Research and Practice* 4:127-129.

Jayalal U, Joshi S, Oh SO, Park JS, Hur JS. (2012) Notes on Species of the Lichen Genus Canoparmelia Elix & Hale in South Korea. *Mycobiology* 40(3):159-163.

Johansson L, Lindskog A, Silfversparre G, Cimander C, Nielsen KF, Liden G. (2005) Shikimic acid production by a modified strain E. coli (W3110. shik1) under phosphate-limited and carbon-limited conditions. *Biotechnol Bioeng* 92: 541-552.

Kasi PS, Goyal R,Talwar KK, Chlabra BR. (1989) *Pytochemistry*, 28:2093.

Kim JH, Han KD,Yamasaki K,Tanaka O. (1979) *Phytochemistry*, 18:894.

Kosumi D, NishiguchiT, AmaoY, Cogdell RJ, Hashimoto H. (2017) Singlet and triplet excited states dynamics of photosynthetic pigment chlorophyll a investigated by sub-nanosecond pump-probe spectroscopy. *Journal of Photochemistry and Photobiology A: Chemistry*, Sep. 28.

Kramer M, Bongaerts J, Bovenberg R, Kremer S, Muller U, Orf S, Wubbolts M, Raeven L. (2003) Metabolic engineering for microbial production of shikimid acid. *Metab Eng* 5: 277-283.

LiY, Sun B, Liu S, Jian L, Liu X, Zhan H, CheY. (2008) Bioactive asterric acid derivatives from the Antarctic ascomycete fungus *Geomyces* sp. *J Nat Prod* 71: 1643-1646.

Ma WS, MutkaT, Vesley B, Amsler MO, McClintock JB, Amsler CD, Perman JA, Singh MP, Maiese WM, Zaworotko, Kyle DE, Baker BJ. (2009) Norselic acids A-E, highly oxidized anti-infective steroids that deter mesograzer predation, from Antarctic sponge *Crella* sp. *J Nat Prod* 72: 1842-1846.

Mitova M, Tutino ML, Infusini G, Marino G, De Rosa S. (2005) Exocellular peptides from Antarctic *psychrophile Pseudoalteromonas haloplanktis. Mar Biotechnol* 7: 523-532.

MiyataY, DiyabalanageT, Amsler CD, McClintock JB, Valeriote FA, Baker BJ. (2007) Ecdysteroids from the Antarctic tunicate Synoicum adareanum. *J Nat Prod* 70: 1859-1864.

Mojib N, Philpott R, Huang JP, Niederweis M, Bej AK. (2010) Antimycobacterial activity in vitro of pigments isolated from Antarctic bacteria. *Antonie* van Leeuwenhoek 98: 531-540.

Noguez JH, DiyabalanageTKK, MiyataY, Xie XS, Valeriote FA, Amsler CD, McClintock JB, Baker BJ. (2011) Palmerolide macrolides from the Antarctic tunicate *Synoicum adareanum. Bioorg Med Chem* 19: 6608-6614.

Palheta IC, Borges RS. (2017) Sesamol is a related antioxidant to the vitamin E, *Chemical Data Collections* 11:77-83.

Paudel B, Bhattarai HD, Koh HY, Lee SG, Han SJ, Lee HK, OH H, Shin HW, Yim JH. (2011) Ramalin, a novel nontoxic antioxidant compound from the Antarctic lichen *Ramalina terebrata. Phytomed* 18: 1285-1290.

Reyes F, Fernandez R, Rodriguez A, Francesch A, Taboada S, Avila C, Cuevas C. (2008) Aplicyanis A-F, new cytotoxic bromoindole derivatives from the marine tunicate *Aplidium cyaneum. Tetrahedron* 64: 5119-5123.

Rižner RT. (2012) Enzymes of the AKR1B and AKR1C

subfamilies and uterine diseases. *Front Pharmacol* 3: 34

Seo C, ChoiYH, Sohn JH, Ahn JS,Yim JH, Lee HK, Oh H. (2008) Ohioensins F and G: Protein tyrosine phosphatase 1B inhibitory benzonaphthoxanthenones from the Antarctic moss *Polytrichastrum alpinum. Bioorg Med Chem Lett* 18: 772-775.

Seo C, Sohn JH, Ahn JS,Yim JH, Lee HK, Oh H. (2009) Protein tyrosine phosphatase 1B inhibitory effects of depsidone and pseudodepsidone metabolites from the Antarctic lichen *Sterocaulon alpinum. Bioorg Med Chem Lett* 19: 2801-2803.

Seo C, Sohn JH, Park SM,Yim JH, Lee HK, Oh H. (2008) Usimines A-C, bioactive usnic acid derivatives from the Antarctic lichen *Stereocaulon alpinum*. J Nat Prod 71: 710-712.

Seo C,Yim JH, Lee HK, Park SM, Sohn JH, Oh H. (2008) Stereocalpin A, a bioactive cyclic depsipeptide from the Antarctic lichen *Stereocaulon alpinum. Tetrahedron Lett* 49: 29-31.

Shekh RM, Singh P, Singh SM, Roy U. (2011) Antifungal activity of Arctic and Antarctic bacteria isolates. *Polar Biol* 34: 139-143.

Shin HJ, Mojid Mondol MA,YuTK, Lee HS, LeeYJ, Jung HJ, Kim JH, Kwon HJ. (2010) An angiogenesis inhibitor isolated from a marine-derived actinomycete, *Nocardiopsis* sp. 03N67. Phytochem Lett 3: 194-197.

Tadesse M, Strom MB, Svenson J, Jaspars M, Milne BF,TorfossV, Andersen JH, Hansen E, Stensvag K, HaugT. (2010) Synoxazolidinones A and B: novel bioactive alkaloids from the ascidian *Synoicum pulmonaria. Org Lett* 12: 4752-4755.

Tadesse M,Tabudravu JN, Jaspars M, Strom MB, Hansen E, Andersen JH, Kristiansen PE, HaugT. (2011)The antibacterial ent-eusynstyelamide B and eusynstyelamides D, E, and F from the Arctic BryozoanTegella cf. spitzbergensis. J Nat Prod 74: 837-841..

Toby S,VeeraT, Philipp R, Dan V, HeimoW, Catherine AM, Kevin S, Edith S, MerjeTH. (2016) Basidiomycete yeasts in the cortex of ascomycete macrolichens. Science 353.

Venugopalan A., Srivastava S. (2015) Endophytes as in vitro production platforms of high value plant secondary metabolites. *Biotechnol Adv* 33: 873-887.

Wagner H. (1980) "Plant constituents with antihepatotoxic activity", In: *Natural products as medicinal agents*, Hippokrates, Stuttgart, 217-242.

Wenk GL. (2003) Neuropathologic changes in Alzheimer's disease. J *Clin Psychiatry.* 64 Suppl 9:7-10.

WHO. "Diabetes Fact sheet N312". October 2013.

Zhu TJ, Gu QQ, Zhu WM, Fang YC, Liu PP. (2006) Isolation of Antarctic microorganisms and screening of antitumor activity. *Chin J Mar Drugs* 25: 15-27.

그림출처 및 저작권

그림 1-8 http://www.coolantarctica.com/Antarctica%20fact%20file/antarctica%20environment/antarctic_arctic_comparison.php | 그림 2-5 버드나무 사진 https://en.wikipedia.org/wiki/Willow#/media/File:Willow_tree_in_spring,_England.JPG | 그림 2-10 커피 열매 사진 https://en.wikipedia.org/wiki/Coffee#/media/File:Coffee_beans2.jpg | 그림 2-11 민트 잎 사진 https://en.wikipedia.org/wiki/File:Mint-leaves-2007.jpg | 그림 2-14 개똥쑥 사진 https://en.wikipedia.org/wiki/Artemisinin#/media/File:Artemisia_annua.jpg | 그림 2-15 팔각회향 사진 https://en.wikipedia.org/wiki/File:Illicium_verum_2006-10-17.jpg | 그림 3-9 개구리 사진 https://en.wikipedia.org/wiki/Strawberry_poison-dart_frog#/media/File:Oophaga_pumilio_(Strawberry_poision_frog)_(2532163201).jpg 개미사진 https://www.landcareresearch.co.nz/publications/factsheets/Factsheets/monomorium-antarcticum | 그림 4-1 (a) http://naturebuzzz.blogspot.kr/2013/11/some-really-long-living-creatures.html (b) http://www.oikonos.org/apfieldguide/album/Cnidaria/Anthozoa/anemone%20-%20Isotealia%20antarctica/slides/anemone%20-%20Isotealia%20antarctica%20012.html (c) http://blogs.nature.com/news/2010/09/biology_sheds_new_light_on_ant_1.html (d) http://www.pewtrusts.org/en/research-and-analysis/fact-sheets/2014/09/counting-down-to-ccamlr (e) http://cryptomundo.com/cryptozoo-news/new-antarctic/ (f) http://antarctica56gdjb.weebly.com/antarctic-flora.html) | 그림 4-1 Synoicum adareanum 사진 http://www.oikonos.org/apfieldguide/album/Chordata/Tunicata%20-%20ascidians%20and%20salps/Synoicum%20adareanum/slides/colonial%20ascidian%20-%20Synoicum%20adareanum%20002.html

찾아보기

그림으로 보는 극지과학 8

극지과학자가 들려주는 **천 연물 이야기**

지 은 이 | 한세종, 윤의중

1판 1쇄 인쇄 | 2017년 12월 14일
1판 1쇄 발행 | 2017년 12월 26일

펴 낸 곳 | ㈜지식노마드
펴 낸 이 | 김중현

등록번호 | 세 313-2007-000148호
등록일자 | 2007.7.10
주   소 | (04032) 서울특별시 마포구 양화로 133, 1201호(서교타워, 서교동)
전   화 | 02-323-1410
팩   스 | 02-6499-1411

이 메 일 | knomad@knomad.co.kr
홈페이지 | http://www.knomad.co.kr

가   격 | 12,000원
ISBN 979-11-87481-35-5 04450
ISBN 978-89-93322-65-1 04450(세트)